高等职业院校"十二五"规划教材

FLASH CS6
动画制作项目教程

郭　娟　刘志杰　主　编
卢　伟　殷　菲　张婷婷　副主编

FLASH CS6 DONGHUA ZHIZUO
XIANGMU JIAOCHENG

U0316646

中国铁道出版社
CHINA RAILWAY PUBLISHING HOUSE

内 容 简 介

本书一改传统的手册性写法，以 Flash CS6 为蓝本，重点强调知识的系统性和应用性，通过15 个实践任务的训练，使读者在实际操作中完成特定的工作任务。

本书共包括课程导入和 6 个项目，分别是：绘制矢量图形、制作音乐贺卡、制作风景动画、制作公益广告、制作动漫短片和制作 Flash 小游戏，6 个项目内含 15 个任务，每个任务内容都经过千锤百炼，包括任务描述、知识技能点、训练目标、任务实施、知识解读、经验共享和拓展训练 7 部分，同时还提供了配套的考核方案、项目素材、PPT 教案等相关资源，具有较强的系统性和应用性。

本书中的许多方法都可以直接应用于工作实践，为以后工作的"拾级进阶""攀援而上"打好基础。本书适合高等职业院校和本科院校作为教材使用，也适合爱好者自学使用。

图书在版编目（CIP）数据

Flash CS6动画制作项目教程/郭娟，刘志杰主编．—北京：中国铁道出版社，2014.1

高等职业院校"十二五"规划教材

ISBN 978-7-113-17679-2

Ⅰ．①F⋯　Ⅱ．①郭⋯ ②刘⋯　Ⅲ．①动画制作软件-高等职业教育-教材　Ⅳ．①TP391.41

中国版本图书馆CIP数据核字（2013）第272281号

书　　名：**Flash CS6 动画制作项目教程**
作　　者：郭　娟　刘志杰　主编

策　　划：祁　云		读者热线：400-668-0820
责任编辑：祁　云 何　佳		
封面设计：付　巍		
封面制作：白　雪		
责任印制：李　佳		

出版发行：中国铁道出版社（100054，北京市西城区右安门西街 8 号）
网　　址：http://www.51eds.com
印　　刷：北京米开朗优威印刷有限责任公司
版　　次：2014 年 1 月第 1 版　　2014 年 1 月第 1 次印刷
开　　本：787 mm×1 092 mm　1/16　印张：11.25　字数：268 千
印　　数：1 ～ 3 000 册
书　　号：ISBN 978-7-113-17679-2
定　　价：36.00 元

Flash 是一款非常优秀的矢量动画制作软件，它采用由 Macromedia 公司推出的交互式矢量图和 Web 动画标准，后被 Adobe 公司收购，同时，Flash 也是一款不折不扣的跨媒体、跨行业软件，继席卷网页设计、网络广告之后，又在电影、电视、教育、娱乐、声乐、商业等各个行业引领潮流。

目前国内出版的 Flash 教材基础教程居多，一般是软件介绍和实例说明，如何结合行业和岗位进行项目开发的教材并不多。本书一改传统的手册性写法，以 Flash CS6 为蓝本，重点强调知识的系统性和应用性，通过 15 个实践项目的训练，使读者在实际操作中完成特定的工作任务。本书的主要特点如下：

1. 从项目入手，注重技能训练，6 个项目共计 15 个任务环环相扣，以学生为主体，培养学生的综合素质和实践能力。

2. 每一个项目和任务都经过千锤百炼，包括任务描述、知识技能点、训练目标、任务实施、知识解读、经验共享和拓展训练 7 部分，具有较强的系统性和应用性。任务描述明确任务要求和训练目标；任务实施分步骤逐步展开；知识解读和经验共享针对工作中的实际问题进行总结、分析；拓展训练进一步强化相关技能。

3. 每个项目都精心设计了考核方案，知识、能力与素质考核相结合，学生自评、小组互评、教师评价相结合，考核学生能力，综合评价学业。

4. 配套教学资源丰富，提供了教学内容及学时分配表、项目考核成绩登记表，精心设计了每个项目相关习题、项目素材和 PPT 教案。

本书共包括课程导入和 6 个实践项目，其中的许多方法都可以直接应用于工作实践，为以后工作的"拾级进阶""攀援而上"打好基础。

前 言 FOREWORD

　　本书由山东职业学院郭娟、刘志杰担任主编，由山东省经济干部管理学院（山东行政学院）卢伟、济南职业学院殷菲、山东管理学院张婷婷担任副主编。尽管编者在本书的写作过程中付出了很多努力和心血，并将多年的工作经验毫无保留地奉献给了读者，但是由于编者水平有限，时间仓促，不足之处在所难免，敬请广大读者批评指正。

　　感谢您阅读本书，请将您的宝贵建议和意见发送至：xiaoguo0531@126.com。

编　者

2013 年 10 月

教学内容与学时分配表

项目名称	培养目标	教学内容	学时建议	教学方法与手段
项目一 绘制矢量图形	1. 能够综合使用绘图工具，绘制矢量图形，结构比例合理，线条流畅。 2. 能够运用色彩原理设计颜色，并能够熟练使用色彩工具填充和调整色彩。 3. 审美能力得到进一步提升。 4. 能够对训练项目举一反三，灵活运用。 5. 通过小组合作，沟通能力、制订方案和解决问题能力进一步加强	学习内容： 1. 基本概念 2. 工具使用 3. 色彩配置 训练内容： 任务一 灰狼巧绘 任务二 清凉西瓜 任务三 月夜少女	12	项目教学法：以项目为主线、教师为引导、学生为主体，在这一过程中分任务学习并掌握教学计划内的教学内容。主要流程如下： 1. 任务描述：收集信息，明确要求，制订计划。 2. 任务实施：分任务完成项目。 3. 任务总结：学生自查，教师检查与评价。 4. 拓展训练：举一反三，进一步提升技能，为下一个项目做准备。 学生部分独立组织、安排学习行为，解决在处理项目中遇到的困难，教师进行适当讲解，并进行引导、监督、评估。
项目二 制作音乐贺卡	1. 能够将动画技法应用到二维动画制作过程中，制作动画的关键画面。 2. 理解帧的概念，掌握不同类型帧的含义和使用方法，能够选择正确的帧类型。 3. 理解元件概念，理解图形元件和影片剪辑元件的区别，能够根据动画制作需要，正确创建不同类型的元件并进行属性设置。 4. 能够在库面板中管理元件。 5. 能够通过各种媒体资源搜索并处理素材。 6. 能够对训练项目举一反三、灵活运用。 7. 通过小组合作，沟通能力、制订方案和解决问题能力进一步加强	学习内容： 1. 动画原理 2. 帧 3. 逐帧动画 4. 元件 5. 库 6. 音频格式 训练内容： 任务一 生命之初 任务二 飞鸟共还 任务三 笑掉大牙	18	讨论法：学生在教师的指导下为解决某个问题而进行探讨、辨明是非真伪以获取知识的方法，能更好地发挥学生的主动性、积极性，有利于培养学生独立思维能力、口头表达能力，促进学生灵活地运用知识。主要流程如下： 1. 观点交流：小组内各人对这个问题有什么看法，分别说出来。 2. 观点改进：小组成员表示对其他人观点是否接受，提出改进、完善彼此观点的看法。 3. 观点总结：总结小组观点并向全班学生表述本组观点。 在整个讨论的过程中，教师的巡回指导、参与讨论、鼓励表扬也很重要
项目三 制作风景动画	1. 理解补间动画与传统补间动画的区别。 2. 能够熟练创建和编辑两种类型的补间动画。 3. 审美能力得到进一步提升。 4. 能够通过各种媒体资源搜索并处理素材。 5. 能够对训练项目举一反三、灵活运用。 6. 通过小组合作，沟通能力、制订方案和解决问题能力进一步加强	学习内容： 1. 动画补间 2. 形状补间 3. 形状提示 训练内容： 任务一 海上灯塔 任务二 那时烟雨 任务三 竹林听风	18	

教学内容与学时分配表

项目名称	培养目标	教学内容	学时建议	教学方法与手段
项目四制作公益广告	1．能够综合使用之前所获得技能绘制图形和制作补间动画。 2．能够理解遮罩的作用并能够熟练绘制遮罩，从而完成遮罩动画制作。 3．初步体会广告动画创作过程与制作环节。 4．审美能力得到进一步提升。 5．能够通过各种媒体资源搜索并处理素材。 6．能够对训练项目举一反三、灵活运用。 7．通过小组合作，沟通能力、制订方案和解决问题能力进一步加强	学习内容： 1．遮罩 2．遮罩动画 3．广告动画 4．剧本 5．分镜头 训练内容： 任务一 海阔天空 任务二 你好地球	12	小组合作学习法：学生自由组合，每组5人，在组建小组时，教师可视情况进行协调，给予帮助。小组成员不仅要努力争取个人目标的实现，更要帮助小组同伴实现目标，通过相互合作，小组成员共同达到学习的预期目标。学生个体间的学习竞争关系改变为"组内合作""组际竞争"的关系，将传统教学与师生之间单向或双向交流改变为师生、生生之间的多向交流，也促进了学生间良好的人际合作关系，促进了学生心理品质发展和社会技能的提高
项目五制作动漫短片	1．能够综合使用之前所获得技能绘制图形和制作补间动画。 2．能够熟练绘制路径制作引导层动画。 3．初步体会动画片的创作过程与制作环节。 4．审美能力得到进一步提升。 5．能够通过各种媒体资源搜索并处理素材。 6．能够对训练项目举一反三、灵活运用。 7．通过小组合作，沟通能力、制订方案和解决问题能力进一步加强	学习内容： 1．引导层 2．引导层动画 3．动漫短片 4．场景 训练内容： 任务一 折纸之恋 任务二 漫步人生	18	
项目六制作 Flash 小游戏	1．能够正确创建按钮元件并灵活设置四个关键帧。 2．能够使用动作面板添加脚本代码。 3．审美能力得到进一步提升。 4．能够通过各种媒体资源搜索并处理素材。 5．能够对训练项目举一反三、灵活运用。 6．通过小组合作，沟通能力、制定方案和解决问题能力进一步加强	学习内容： 1．行为和动作 2．Action Script 3.0 3．交互 训练内容： 任务一 公主换装 任务二 趣味拼图	12	

CONTENTS 目 录

目 录 CONTENTS

Flash 动画概论

　　动画是一种综合艺术门类，是工业社会人类寻求精神解脱的产物，它是集合了绘画、漫画、电影、数字媒体、摄影、音乐、文学等众多艺术门类于一身的艺术表现形式。Flash 动画是指使用 Flash 软件制作的，发布为 SWF 格式或者是 EXE 格式的电脑动画，它将音乐、声效、动画以及富有新意的界面融合在一起，可制作出高品质的动态效果。

一、动画的分类

　　动画发展到现在，分二维动画和三维动画两种。二维画面是平面形态的画面，无论画面的立体感有多强，终究只是在二维空间上模拟真实的三维空间效果。例如：我国经典动画片大闹天宫、哪吒闹海等，国外经典动画片白雪公主、睡美人等，分别如以下 3 图所示。

国内经典二维动画

国外经典二维动画

国外经典二维动画

三维动画也称 3D 动画，三维画面中景物有正面，也有侧面和反面，调整三维空间的视点，能够看到不同的内容，三维动画技术模拟真实物体的能力使其成为一个有用的工具，广泛应用于医学、教育、军事、娱乐等诸多领域。三维动画近年来发展迅速，如火如荼，如下图所示。

经典三维动画

二、Flash 动画的特点

Flash 动画主要有以下特点：

（1）使用矢量图形和流式播放技术。与位图图形不同的是，矢量图形可以任意缩放尺寸而不影响图形的质量，流式播放技术使得动画可以一边播放一边下载，更利于网上传播。

（2）所生成的动画文件非常小，几 KB 大小的动画文件即可实现许多令人心动的动画效果，用在网页设计上不仅可以使网页更加生动，而且小巧玲珑下载迅速，使得动画可以在打开网页的瞬间即可播放。

（3）把音乐、动画、声效、交互方式融合在一起，支持多种流媒体格式，Flash 动画在情节和画面上往往更夸张起伏，力求在最短时间内传达最深的感受，比传统动漫更加灵巧，已经成为一种新时代的艺术表现形式。

（4）Flash 动画具有交互性优势，能够更好地满足受众需要，让欣赏者成为动画的一部分，通过点击、选择等动作决定动画的运行过程和结果，还可以制作很多小游戏，这一点是传统动画所无法比拟的。

（5）由于只需要掌握一些特定的软件技能就可以尝试制作，Flash 动画的制作相对比较简单，爱好者很容易就能成为动画制作者，一套计算机软件、一个人、一台计算机就可以制作出一段有声有色的动画。

（6）强大的动画编程功能使得制作者可以随心所欲地设计出高品质的动画和游戏，使 Flash 具有更大的设计自由度。

（7）用 Flash 制作动画能够大幅度降低制作成本，减少人力、物力资源的消耗。同时，也会大大缩短制作时间，Flash 制作的动画可以同时在网络与电视中播出，实现一片两播。

三、Flash 动画的应用领域

Flash 动画广受各行各业青睐，继席卷网页设计、网络广告之后，已经在电影电视、动画卡通、教育教学、声乐等领域引领潮流，各领域的 Flash 动画如下图所示。

电子相册

多媒体汇报片

电子书

动漫短片

电子贺卡

Flash 整站

Flash 游戏

Flash 广告

电视栏目包装

Flash MV

Flash 教学光盘

四、Flash 动画的发展前景

（1）应用程序开发：由于其独特的跨平台特性、灵活的界面控制以及多媒体技术使用，Flash 应用程序具有很强生命力。在与用户的交流方面具有其他任何方式都无可比拟的优势。

（2）软件系统界面开发：Flash 对于界面元素的可控性和它所表达的效果无疑具有很

大的诱惑。对于软件系统的界面，Flash 所具有的特性完全可以为用户提供一个良好的接口。

（3）手机领域开发：手机领域的开发将会对精确（像素级）的界面设计和 CPU 使用分布的操控能力有更高的要求，但同时也意味着更加广泛的使用空间。

（4）游戏开发：Flash 游戏至今为止仍然停留在中、小型游戏的开发上。游戏开发的很大一部分都受限于它的 CPU 能力和大量代码的管理。最新版本的 Flash 提供了项目管理和代码维护方面的功能，ActionScript 3.0 也使程序更易于维护和开发。

（5）站点建设：Flash 整站意味着更高的界面维护能力和整站架构能力。好处也非常明显：全面的控制、无缝的导向跳转、更丰富的媒体内容、更体贴用户的流畅交互、跨平台和受客户端的支持以及与其他 Flash 应用方案无缝连接集成等。

五、Flash 动画的关键术语

1. Flash 文件类型

Flash 影片的扩展名为 .swf，该类型文件必须使用 Flash 播放器才能打开，SWF 文件是一个完整的影片文档，无法直接编辑。Flash 原始文档的扩展名是 .fla，源文件可以直接编辑，只能用对应版本或者更高版本的 Flash 软件才能打开。

2. 帧

帧是 Flash 动画制作的最基本单位，每一个 Flash 动画都是由很多个精心雕琢的帧构成的，一帧就是一幅静止的画面，连续的帧就形成动画。在时间轴上的每一帧都可以包含需要显示的所有内容，包括图形、声音、各种素材和其他多种对象。

3. 帧的类型

（1）关键帧是有关键内容的帧，用来定义动画变化、更改状态，即编辑舞台上存在的实例对象并可对其进行编辑的帧。关键帧在时间轴上显示为实心的圆点。

（2）空白关键帧是没有包含舞台上的实例内容的关键帧。空白关键帧在时间轴上显示为空心的圆点。

（3）普通帧在时间轴上能显示实例对象，但不能对实例对象进行编辑操作。普通帧在时间轴上显示为灰色填充的小方格。

4. 帧频

帧频是动画播放的速度，以每秒播放的帧数为度量。帧就像电影拍摄中胶片的一幅幅画面一样，电影是由连续的画面组成的，通常一个镜头由 24 幅画面组成，Flash 中的帧默认是 24 帧为 1 秒，表示为 24 fps。

5. 舞台

新建一个 Flash 文档时，出现的白色区域背景称为舞台，使用快捷键【Ctrl+J】打开文档属性面板，可以修改舞台大小、背景颜色等信息。

6. 场景

场景就是专门用来容纳、包含图层里面的各种对象的平台，它相当于一块场地，上面可以摆放与动画相关的各种对象或元件，同时，这个场地也是动画播放的舞台。既是摆放的场地也是动画表演的舞台。默认情况下，一个 Flash 文档只有一个场景，可以添加和修改。如果一个动画比较庞大，动画所使用的对象很多，导致所使用的舞台也很多，那么，光靠一个场景是不能容纳这么多对象的。因此，这类动画通常需要多个场景。

7. 时间轴

时间轴是动画播放的时间线，动画从左到右，一帧一帧地播放。时间轴用来通知 Flash 显示图形和其他项目元素的时间，也可以使用时间轴指定舞台上各图形的分层顺序。

项目一

绘制矢量图形

项目描述

矢量图根据几何特性来绘制图形，它的优点是放大后图像不会失真，缺点是难以表现色彩层次丰富的逼真图像效果，矢量绘图是制作二维动画的基础，本项目通过"灰狼巧绘""清凉西瓜""月夜少女"三个任务，训练使用各种工具绘制矢量图形，并填充和编辑色彩的能力。

知识技能点

绘图工具；色彩工具及面板；变形面板；素描关系；色彩构成；立体构成。

训练目标

1. 能够综合使用绘图工具，绘制矢量图形，结构比例合理，线条流畅。
2. 能够运用色彩原理设计颜色，并能够熟练使用色彩工具填充和调整色彩。
3. 审美能力得到进一步提升。
4. 能够通过各种媒体资源搜索并处理素材。
5. 能够对训练项目举一反三，灵活运用。
6. 通过小组合作，沟通能力、制订方案和解决问题能力进一步加强。

考核方案

该项目采用教师评价、小组互评、自我评价相结合的方法，评价主体及考核方案如下表所示。

评价主体及考核方案

评价主体	考核方案	权重
教师评价	① 共计 6 个项目，每个项目得出该项目成绩，详见附录 A《项目考核教师评价表》、附录 B《项目考核小组互评及自我评价表》。	0.8
小组互评	② 分别取所有项目成绩的平均分作为教师评价、小组互评和自我评价的综合成绩，详见附录 C《教师评价综合成绩登记表》、附录 D《小组互评综合成绩登记表》、附录 E《自我评价综合成绩登记表》。	0.1
自我评价	③ 将教师评价、小组互评和自我评价的综合成绩按权重计算得出学生该项目课程考核的综合成绩，详见附录 F《项目课程考核综合成绩登记表》	0.1

评价内容将项目作品（专业知识和技能）、方法能力和社会能力相融合，立足学生未来的职业生涯，突出能力本位和素质教育。每个任务考核满分 100 分，详见附录 A《项目考核教师评价表》、附录 B《项目考核小组互评及自我评价表》。

每个任务考核内容包括以下 3 个方面：

1. 项目作品：主要考核专业知识和技能，满分 100 分，占该项目成绩 70%。
2. 方法能力：主要考核学生制订方案和解决问题的能力，满分 100 分，占该项目成绩 15%。
3. 社会能力：主要考核学生的沟通能力和团队精神，满分 100 分，占该项目成绩 15%。

在学习过程中，能标新立异，找出与众不同的解决问题方法的同学，或总是先于其他同学找出解决实际问题或难题的方法的同学有 5～10 分的奖励分，总分数超过 100 分时按 100 分计。具体考核内容及指标可参考下表。

考核内容及指标

考核内容	权重	内容分解	分值	指标
项目作品（专业知识和技能）	0.7	操作规范	30	图形大小和比例符合行业规范。能够正确并熟练使用线条、矩形、椭圆、铅笔等绘图工具，能够熟练使用选择工具和填充工具
		素材准备	10	素材准备齐全，能够综合利用互联网技术下载所需素材，能够根据项目需求正确处理素材
		图形制作	30	图形尺寸符合要求，图层分层合理，线条流畅，画面饱满，构图美观。能够运用色彩原理选择色彩，色彩搭配合理、美观，透视关系正确
		作品创意	20	能够在完成项目内容的基础上，增加自己的创意，设计新颖，绘图美观
		作品数量	10	除按时完成规定项目训练外，能完成一定数量的拓展训练项目
方法能力	0.15	制订方案	50	能够根据项目要求制订实施方案，工作过程逻辑明确
		问题解决	50	遇到困难时解决问题方式得当
社会能力	0.15	沟通能力	50	能够积极主动地与人交流，能够正确理解他人的发言并顺畅表达自己的观点
		团队精神	50	小组合作时具有团队协作精神，并对自己的工作任务具有责任感

任务一 灰狼巧绘

任务描述

很多时候，从网上下载的位图素材由于像素过小等原因很不清晰，使用 Flash 软件重新描绘成矢量图，会大大改善图像效果。综合使用 Flash 软件中的绘图工具和色彩工具可以绘制出各种线条流畅、颜色优美的矢量图形。本任务即是以原始素材图片为模板，描绘一幅较为简单的矢量图形——灰太郎，效果如图 1-1-1 所示。

图 1-1-1　灰太狼

知识技能点

线条工具；选择工具；填充工具。

训练目标

（1）能够熟练操作线条工具、矩形工具、椭圆工具，并综合运用所学工具描绘出灰太郎的轮廓，线条流畅。

（2）能够运用色彩原理设计颜色，并熟练运用填充工具正确填充颜色。

（3）审美能力、沟通能力和解决问题能力进一步加强。

任务实施

1．欲想灰狼画中现，绘前须要先填景

（1）新建 Flash 文档，大小为 800 px × 600 px，如图 1-1-2 所示。

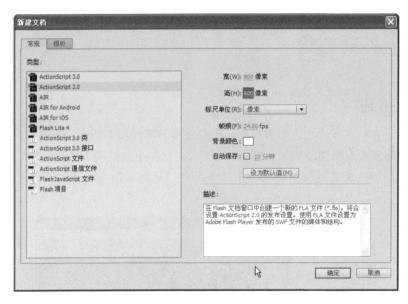

图 1-1-2　新建 Flash 文档

（2）将图层 1 重命名为"背景"，按快捷键【R】切换到矩形工具，在工具箱中，线条颜色选择"无"，填充颜色选择"七彩色"，如图 1-1-3 所示。

（3）将鼠标放到舞台的左上角按住鼠标左键拉至舞台的右下角，绘制矩形背景，使其与舞台大小相同，如图 1-1-4 所示。

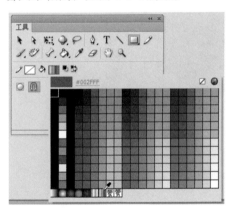

图 1-1-3　矩形工具

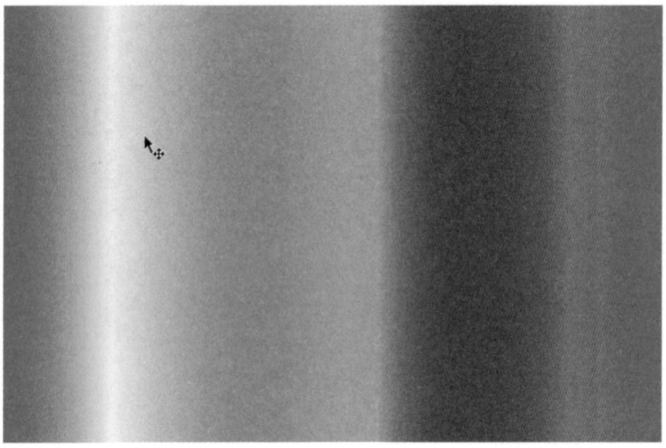

图 1-1-4　七彩背景

2．欲想灰狼景中出，取图我绘显雏形

（1）新建图层 2 命名为"原图"，按快捷键【Ctrl+R】导入灰太狼图片。

（2）按快捷键【Q】切换为任意变形工具，选中灰太狼图片，拖动变形手柄调整图片高度使之与舞台相当，调整好位置，观察图像，位图图像在缩放的过程中出现失真，锁定图层，如图 1-1-5 所示。

（3）新建图层命名为"头"。按快捷键【N】切换为线条工具，打开属性面板，设置颜色为黑色，粗细为"1"，按照灰太狼原图描绘出头部轮廓，隐藏原图观察图像，如图 1-1-6 所示。

图 1-1-5 导入原图

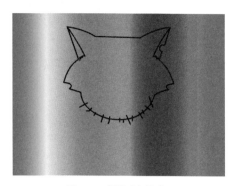

图 1-1-6 描绘头部轮廓

（4）在工具箱中打开颜色面板，选择深灰色，按快捷键【K】切换为颜料桶工具，单击头部轮廓以填充颜色，同理，选择浅灰色，填充耳朵轮廓，隐藏原图观察图像，如图1-1-7所示。

（5）重复以上步骤，分别新建图层，比照原图描绘出轮廓，分别调整好颜色并填充，在绘制的过程中，注意隐藏与显示原图以对比和观察图像，时间轴各图层设置如图1-1-8所示。

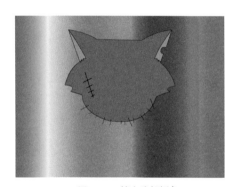

图 1-1-7 填充头部颜色

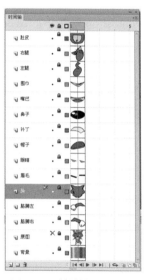

图 1-1-8 时间轴各图层设置

（6）删除原图，按快捷键【Ctrl+Enter】预览图形效果，观察原始素材图片和新绘制的图片，感受位图和矢量图的区别。

知识解读

1．什么是矢量图和位图

矢量图由线条轮廓和填充色块组成，例如一朵花的矢量图实际上是由线段构成轮廓，由轮廓颜色以及轮廓所封闭的填充颜色构成花朵颜色。矢量图的优点是轮廓清晰，色彩明快，可以任意缩放而不会产生失真现象，缺点是难以表现出像照片那样连续色调的逼真效果，Flash 软件主要以处理矢量图形（见图1-1-9）为主。

位图又称点阵图、像素图、栅格图，由点阵组成，这些点进行不同排列和染色构成图样，因而位图的大小和质量取决于图像中点的多少，也就是像素的多少，位图类似于照片，能够较真实地再现人眼观察到的世界，因而适于表现风景、人像等色彩丰富，包含大量细节的图像。位图风景如图 1-1-10 所示。

图 1-1-9 矢量图风景

图 1-1-10 位图风景

2．什么是图层

与 Photoshop 软件中的图层类似，Flash 软件利用图层原理进行绘图和制作动画，一个图层就好比一张透明的纸，可以在这张透明的纸上画画，没画上的部分将保持透明状态，当在多张纸上画完适当的图像后，上面图层的图像会遮盖住下面图层中的图像，这样多个图层叠加起来便形成了一幅完整的图像。因此，在描绘图形时分层很重要，要注意安排好图层的上下关系，如图 1-1-11 所示。

图 1-1-11 图层

经验共享

1．如何使用选择工具绘制出完美曲线

描绘轮廓时，可先使用线条工具绘制直线轮廓，然后切换为选择工具，将鼠标指针置于线条下方，当指针右下角出现弧线时，向不同方向拖动鼠标，即可将直线变为不同形式的曲线，如图 1-1-12 所示。

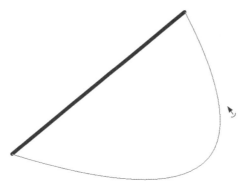

图 1-1-12 绘制弧线

2. 为什么有些时候无法填充颜色

使用颜料桶工具填充颜色时，只能填充一个相对封闭的区域，因此在绘制轮廓时，注意线条与线条的结合处要紧密，此外，在工具面板选项中，有"不封闭空隙""封闭小空隙""封闭中等空隙""封闭大空隙"4 个选项，当选择"不封闭空隙"选项无法填充颜色时，可以选择其他选项，Flash 会自动封闭线条之间的空隙。

拓展训练

使用同样的方法，还可以绘制其他二维矢量图形，如图 1-1-13 ～图 1-1-15 所示。

图 1-1-13 二维矢量图形——小灰灰

图 1-1-14 二维矢量图形——灰太郎

图 1-1-15 二维矢量图形——美羊羊

任务二　清凉西瓜

任务描述

如今图像设计和动画制作越来越注重细节的完美，一种好的字体效果或者一个精致的水晶按钮就会让设计增色不少，那么如何制作具有水晶质感的图像呢？世界万物有其特定的明暗原理和表现规律，本任务即是运用素描基础理论，通过 Flash 软件中的渐变色彩调整，并通过亮光的处理，绘制出一幅具有水晶质感的西瓜图，效果如图 1-2-1 所示。

图 1-2-1　清凉西瓜

知识技能点

渐变变形工具；变形面板；颜色面板；素描关系；色彩构成。

训练目标

（1）能够熟练操作椭圆工具、选择工具，绘制出西瓜轮廓，线条流畅。

（2）掌握变形面板各项参数的含义和作用，并能够熟练进行变形、旋转和翻转操作，透视和变形合理。

（3）掌握颜色面板各项参数的含义和作用，并能够熟练配置线性渐变和径向渐变色彩，图形颜色配置美观。

（4）能够根据色彩原理熟练配置渐变色彩，并能够熟练操作渐变色调整工具，正确表现出图形的明暗关系和立体感。

（5）审美能力、沟通能力和解决问题能力进一步加强。

任务实施

1. 欲要将一西瓜绘，瓜体方为重中重

（1）新建 Flash 文档，大小为 900 px × 500 px。

（2）将图层 1 重命名为"西瓜"。按快捷键【O】切换为椭圆工具，设置笔触颜色为黑色，填充颜色为绿色，打开属性面板，笔触粗细设置为 3，按住【Shift】键绘制一个正圆，如图 1-2-2 所示。

（3）打开颜色面板，填充颜色选择"径向渐变"，设置西瓜瓜皮的渐变色，按快捷键【K】切换到颜料桶工具，为西瓜填充渐变色，如图 1-2-3 所示。

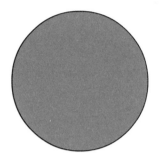

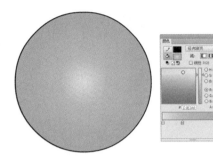

图 1-2-2　绘制正圆　　　　　　　　　　　　　图 1-2-3　填充渐变色

（4）按快捷键【Q】切换为变形工具，挤扁西瓜使之变成椭圆，按快捷键【F】切换到渐变变形工具，调整西瓜整体色调，注意在调整的时候，打开颜色面板进一步修改颜色，如图 1-2-4 所示。

2. 瓜形既成缺何物，才见此瓜未绘纹

（1）新建图层命名为"花纹"。

（2）通过线条工具和选择工具，绘制西瓜花纹轮廓，如图 1-2-5 所示。

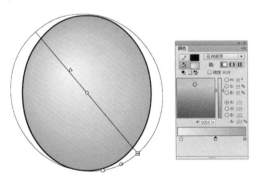

图 1-2-4　调整整体色调　　　　　　　　　　　图 1-2-5　绘制花纹

（3）打开颜色面板，设置西瓜花纹的渐变色，按快捷键【K】切换为颜料桶工具，单击工具箱选项栏中的"锁定填充"按钮，为花纹整体填充渐变色，如图 1-2-6 所示。

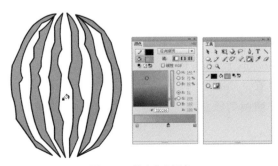

图 1-2-6　填充花纹颜色

（4）按快捷键【F】切换为渐变变形工具，调整花纹渐变色使其整体色调的明暗关系与西瓜保持一致，调整时配合颜色面板进一步调整颜色，如图 1-2-7 所示，调整完毕将轮廓线删除。

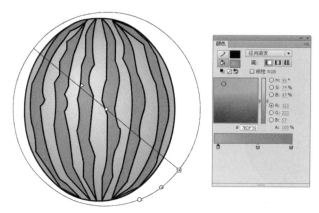

图 1-2-7　调整花纹渐变色

3．整瓜难见瓜优劣，半整皆有才是真

（1）新建图层命名为"瓜瓤"。

（2）按快捷键【O】切换到椭圆工具，画出半个西瓜瓤的正圆轮廓，注意瓜瓤的直径与西瓜最宽处的直径相同。

（3）打开颜色面板，填充颜色类型选择"径向渐变"，调整好瓜瓤正圆的半径颜色，由圆心向外依次为浅红、红色、白色、绿色，如图 1-2-8 所示。

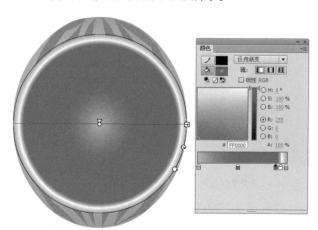

图 1-2-8　设置瓜瓤颜色

4．半整皆有差何物，方见此瓜瓜子无

（1）新建图层命名为"瓜子"，按快捷键【O】切换为椭圆工具，画出两个瓜子，依照瓜瓤调整好瓜子的大小和位置，如图 1-2-9 所示。

（2）按快捷键【Q】切换到任意变形工具，将一组瓜子的注册点移动到瓜瓤的中心，如图 1-2-10 所示。

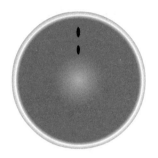

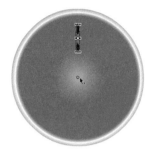

图 1-2-9　绘制瓜子　　　　　　　　　　图 1-2-10　修改注册点

（3）按快捷键【Ctrl+T】打开变形面板，在"旋转"一栏将角度设为 30°，不断单击右下角"重制选区和变形"按钮，得到一圈瓜子，如图 1-2-11 所示。

（4）将西瓜各图层内容合并为一个图层，方法是选中"西瓜""花纹"和"瓜瓤"图层中的内容，按快捷键【Ctrl+X】剪切，新建一个图层命名为"一个西瓜"，按快捷键【Ctrl+Shift+V】粘贴到原位置，如图 1-2-12 所示。

图 1-2-11　变形面板设置　　　　　　　　图 1-2-12　合并图层内容

（5）同理，将"瓜子"图层中的内容合并到"瓜瓤"图层，压扁瓜瓤，使之具有一定的透视感，如图 1-2-13 所示。

（6）新建图层命名为"半个西瓜"，复制"一个西瓜"图层内容到该图层中，隐藏"一个西瓜"图层，将"瓜瓤"图层置于"半个西瓜"图层上方并锁定，删除多余的半个西瓜，参照瓜瓤大小删除掉"半个西瓜"图层中多余的部分，如图 1-2-14 所示。

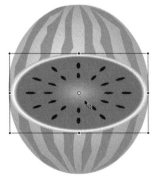
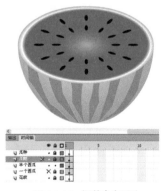

图 1-2-13　压扁瓜瓤　　　　　　　　　　图 1-2-14　调整半个西瓜

（7）绘制西瓜梗，将"瓜瓤"图层中的内容合并到"半个西瓜"图层中，显示"一个西瓜"图层，分别调整好二者的角度和位置，如图1-2-15所示。

（8）新建图层命名为"瓜藤"，绘制瓜藤轮廓，如图1-2-16所示。

图1-2-15　调整位置　　　　　　　　　　　　　　　图1-2-16　绘制瓜藤轮廓

（9）打开颜色面板，设置并填充渐变色，如图1-2-17所示。

（10）新建图层命名为"叶脉"，绘制叶脉，绘制完毕将"叶脉"和"瓜藤"图层合并到"一个西瓜"图层，如图1-2-18所示。

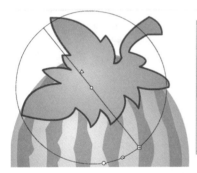

图1-2-17　设置瓜藤颜色　　　　　　　　　　　　　图1-2-18　"一个西瓜"图层

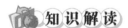 **知识解读**

1．如何理解物体的素描关系

素描的主要目的是表现物体的真实感，突出三维立体效果，三维立体的存在离不开明暗色调的塑造，因此在二维矢量绘图中要关注明暗色调变化的节奏规律，以及增强立体观念与空间意识，素描中的五大调包括亮调、灰调（中间色调）、明暗交界线、反光和投影。

2．什么是对象绘制模式

创建称为绘制对象的形状。绘制对象是在叠加时不会自动合并在一起的单独的图形对象，这样在分离或重新排列形状的外观时，会使形状重叠而不会改变它们的外观。Flash将每个形状创建为单独的对象，可以分别进行处理。当绘画工具处于对象绘制模式时，使用该工具创建的形状为自包含形状。形状的笔触和填充不是单独的元素，并且重叠的形状也不会相互更改。选择用"对象绘制"模式创建的形状时，Flash会在形状周围添加矩形边框来标识它。

3．渐变色调整工具都有哪些功能

通过渐变色调整工具可以对线性填充或者径向填充进行旋转、拉伸、缩放、修改中心点等操作，如图 1-2-19 所示。

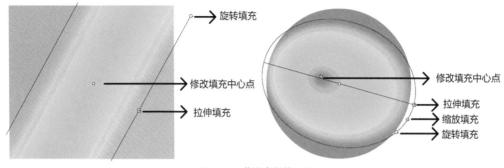

图 1-2-19　渐变色调整工具

经验共享

1．如何制作水晶质感的图像

二维矢量图形上亮晶晶的高光反射可以很好地表现出水晶质感，在 Flash 中主要通过设置白色逐渐透明的渐变来达到这种效果。在颜色面板中，Alpha 属性是透明度的意思，例如通过高光为西瓜营造水晶效果，首先绘制好高光反射的轮廓，再在颜色面板中设置两个或多个白色，再根据图像效果调整各个白色的 Alpha 值即可，如图 1-2-20 所示。

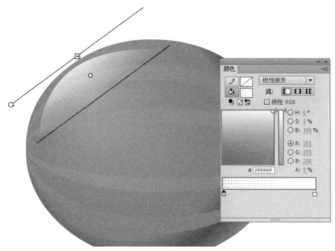

图 1-2-20　制作高光

2．如何使用锁定填充功能

锁定填充是针对于渐变色的填充，可以对上一笔的颜色规律进行锁定，再次填充时会对上一次颜色填充延续，当为多个轮廓统一填充渐变色，使之作为一个整体调节色彩色调时，可以使用锁定填充功能。

当使用渐变变形工具时，不锁定填充时，每个图形对象分别进行编辑，如图 1-2-21 所示，锁定填充时，则可以同时对两个图形进行调整，如图 1-2-22 所示。

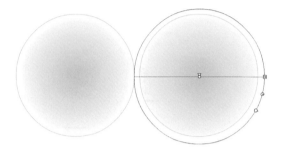

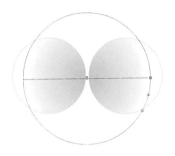

图 1-2-21 不锁定填充   图 1-2-22 锁定填充

 拓展训练

使用同样的方法，还可以绘制其他具有水晶质感的二维矢量图形，如图 1-2-23 ～图 1-2-25 所示。

图 1-2-23 水晶笑脸   图 1-2-24 水晶苹果

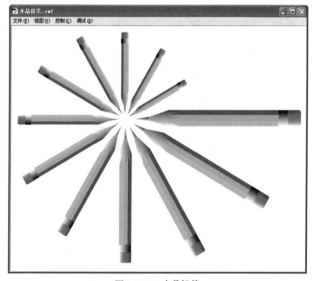

图 1-2-25 水晶铅笔

任务三 月夜少女

任务描述

二维矢量绘图是制作二维动画的基础，尤其是在动漫作品中，角色设定是好的动画制作的前提，动漫及卡通人物的设定有其自身的特点和规律，适当采用拟人、夸张、变形等绘图手法，可以达到事半功倍的效果。本任务通过钢笔工具组中的各种工具，配合绘图板，制作一幅精美的动漫月夜少女图，最终效果如图 1-3-1 所示。

图 1-3-1 月夜少女

知识技能点

钢笔工具；锚点工具；部分选取工具；素描关系；立体构成。

训练目标

（1）能够熟练操作钢笔工具、锚点工具和部分选取工具，能够通过锚点转换、增加锚点、删除锚点等命令绘制角色轮廓，确保线条流畅，透视与结构合理。

（2）掌握颜色面板各项参数的含义和作用，并能够熟练配置线性渐变和径向渐变色彩，从而绘制星星和月亮。

（3）运用动漫人物角色设定的表现规律，绘制一幅月夜少女图，手绘能力得到进一步提高。

任务实施

1. 欲要少女景中来，需用巧法勾身形

（1）新建 Flash 文档，大小为 900 px × 650 px。

（2）图层 1 重命名为"头"，按快捷键【N】切换为线条工具，绘制三条直线，呈倒三角状，按快捷键【V】切换为选择工具，将鼠标置于直线下方，当鼠标下方出现圆弧标志时，拖动鼠标将线条拖出一定的弧度，如图 1-3-2 所示。

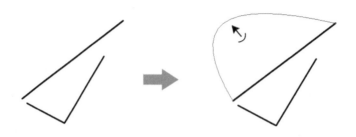

图 1-3-2　绘制脸部轮廓

（3）使用部分选取工具拖动弧线顶点的调节柄，反复调整贝塞尔曲线，完成人物头部轮廓的绘制，如图 1-3-3 所示。

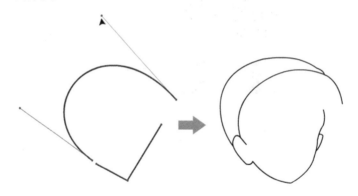

图 1-3-3　绘制头部轮廓

（4）同理，使用线条工具绘制头发直线，再使用部分选取工具通过调整调节柄编辑曲线轮廓，完成发饰、刘海、耳朵等轮廓的绘制，打开颜色面板，设置头发颜色为棕色，按快捷键【K】切换为颜料桶工具填充颜色，同理，为脸部填充淡淡的黄色，为发饰填充土黄色，如图 1-3-4 所示。

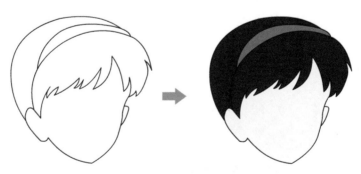

图 1-3-4　绘制并填充头部

（5）新建图层命名为"衣服"，绘制衣服的轮廓，同时绘制发辫的轮廓，分别为颈部、衣服和发辫填充淡黄色、蓝色和棕色，如图 1-3-5 所示。

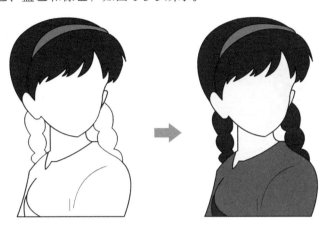

图 1-3-5　绘制衣服和发辫

（6）新建图层命名为"五官"，绘制人物眼睛、眉毛、鼻子和嘴巴，眼睛绘制可以使用椭圆工具，设置无线条颜色。绘制眼睛和眉毛时要注意二者之间的距离合适，两个眼睛瞳孔的方向要一致，使整个人物看起来自然协调，如图 1-3-6 所示。

（7）按快捷键【Ctrl+Enter】预览图形效果。

2．好一脱俗俏龄女，不知少女何处停

（1）新建图层命名为"夜空"，导入夜空背景素材图片，调整大小和位置，使之完全覆盖住舞台，如图 1-3-7 所示。

图 1-3-6　绘制五官

图 1-3-7　添加夜空

（2）新建图层命名为"月亮"，按快捷键【O】切换为椭圆工具，绘制一个正圆，打开颜色面板，设置浅黄到黄色再到白色的渐变，设置白色的 Alpha 值为 0，以营造月亮光晕的效果，按快捷键【F】切换为渐变变形工具对填充色进行调整，如图 1-3-8 所示。

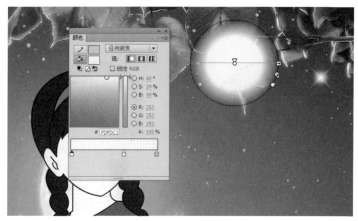

图 1-3-8　月亮颜色设置

（3）新建图层命名为"星星"，使用笔刷工具或者椭圆工具绘制星星，并设置其颜色的 Alpha 值，使星星的颜色有深有浅、形状有大有小，以营造星星远近不同的层次感。

（4）按快捷键【Ctrl+Enter】预览图像效果。

知识解读

1. 什么是贝塞尔曲线

贝塞尔曲线 (Bézier Curve) 又称贝兹曲线或贝济埃曲线，是应用于二维图形应用程序的数学曲线。一般的矢量图形软件通过它来精确画出曲线，Flash 软件中的钢笔工具使用的即是这种曲线，贝兹曲线由线段与节点组成，节点是可拖动的支点，线段像可伸缩的皮筋，贝赛尔曲线的每一个顶点都有两个控制点，用于控制在该顶点两侧曲线的弧度。贝塞尔曲线上的所有控制点、节点均可编辑，这种"智能化"的矢量线条为艺术家提供了一种理想的图形编辑与创造的工具。

任何一条不规则曲线都可以通过曲线包含的每一个点和两个控制柄来准确描述，或者说曲线上的每一条最基本的曲线段都可以通过该段的两个端点和在这两个端点上加两个控制柄来准确描述。改变控制柄的角度和长度，可以改变曲线的曲率。贝塞尔曲线的有趣之处就在于它的"皮筋效应"，随着点有规律地移动，曲线将产生皮筋伸引一样的变换，如图 1-3-9 所示。

2. 钢笔工具组包括哪些工具

使用钢笔工具组可以自由地创建各种线条,该工具组中包括 4 种工具,分别是"钢笔"工具、"添加锚点"工具、"删除锚点"工具和"转换点"工具，默认状态下，工具箱上显示的是"钢笔"工具按钮，如图 1-3-10 所示。

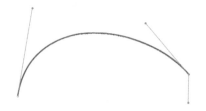

图 1-3-9　贝塞尔曲线

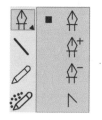

图 1-3-10　钢笔工具组

各工具的形状及使用方法如下：

① 带小叉的钢笔：绘制路径时表示未落笔状态，单击相当于画线的起点。

② 小尖角形状的钢笔：表示钢笔编辑状态。单击相当于选中路径的节点。

③ 黑箭头：当选中节点后，继续按住左键不放，拖动鼠标可以改变路径的弯曲程度，此时钢笔变成一个小黑箭头，松开左键，小黑箭头变成什么都不带的钢笔。

④ 钢笔：表示已经画了起点，正在等待确定下一个节点，单击确定下一个节点。节点是指用指针工具选中图形时出现的很小的实心方块。

⑤ 带小圆圈的钢笔：表示线的起点就是该点，单击则该条线完成，钢笔重新回到带小叉的状态。

⑥ 带减号的钢笔：表示钢笔工具正指向一个节点，单击可以删除该节点，单击后继续按住左键不放，拖动鼠标可以改变相邻两线的弯曲程度，钢笔变成一个小黑箭头形状。

⑦ 带加号的钢笔：表示钢笔工具正指向两个节点中的连线上，单击可以增加新节点。

⑧ 白箭头：又称部分选取工具，表示该路径处于编辑修改状态，可以拖动路径的弯曲控制点改变弯曲程度，也可以选中节点改变节点位置。在钢笔工具状态下，按住【Ctrl】键不放，将切换为白箭头状态。

经验共享

1．如何画好动漫人物

绘制动漫人物并非一朝一夕之功，需要的基础知识有透视、人体结构、动态结构等，其实一幅画就是由无数的线和无数的点构成的，只要把握好线和点的画法，基本上已经成功了一半，此外还需要对人物有一定的理解能力以及观察能力。例如眼睛是心灵的窗口，通过眼睛可以表达一个人的感情和性格，一些美型漫画的冷酷男生，他们的眼睛不是大大的，而是偏细狭长的，并且有种凌厉的光芒；而可爱的漫画女生，则是眼睛大大的，神态表现也很活泼等。这需要长期的临摹和创作。

2．如何熟练使用钢笔工具绘制线条

（1）绘制直线和曲线。钢笔工具绘制直线的方法很简单，直接在场景中单击两个点，即自动将其以直线的形式连接起来。绘制曲线时，先单击鼠标绘制一个起点，在绘制第二个点的时候按住左键不放，拖动鼠标即可。

（2）修改图形的形状。选择部分选择工具，即白箭头，位于工具栏第二个，选中其中任意一个点进行拖动即可进行位置修改，全部选中则可以移动整个路径，另外使用转换锚点工具可以将节点转换为直线或曲线，当修改曲线时，可以分别拖动两个控制点来调整弧度。

拓展训练

使用同样的操作方法，还可以鼠绘其他动漫人物，如图 1-3-11 ～图 1-3-13 所示。

图 1-3-11　动漫人物

图 1-3-12　动漫作品 1

图 1-3-13　动漫作品 2

思考与练习

一、选择题

1. 下列关于矢量图形的描述错误的是（　　　）。

　　A. 在编辑矢量图形时，可以修改描述图形形状的线条和曲线的属性

　　B. 可以对矢量图形进行移动、调整大小、重定形状以及更改颜色的操作而不更改其外观品质

　　C. 矢量图形适合于表现形状复杂、细节繁多、色彩丰富的内容，例如照片

　　D. 矢量图形与分辨率无关，这意味着它们可以显示在各种分辨率的输出设备上，而丝毫不影响品质

2. 下列有关位图（点阵图）的说法不正确的是（　　　）。

　　A. 位图是用系列彩色像素来描述图像

　　B. 将位图放大后，会看到马赛克方格，边缘出现锯齿

　　C. 位图尺寸越大，使用的像素越多，相应的文件也越大

　　D. 位图的优点是放大后不失真，缺点是不容易表现图片的颜色和光线效果

3．下面关于"矢量图形"和"位图图像"的说法正确的是（ ）。

    A．在 Flash 中能够产生动画效果的可以是矢量图形，也可以是位图图像

    B．在 Flash 中，无法使用在其他应用程序中创建的矢量图形和位图图像

    C．用 Flash 的绘图工具画出来的图形是位图图像

    D．矢量图形比位图图像文件的体积大

4．下面关于"矢量图形"和"位图图像"的说法错误的是（ ）。

    A．Flash 允许用户创建并产生动画效果的是矢量图形而位图图像不可以

    B．在 Flash 中，用户也可以导入并操纵在其他应用程序中创建的矢量图形和位图图像

    C．用 Flash 绘图工具画出来的图形为矢量图形

    D．一般来说矢量图形比位图图像文件数据量大

5．下面关于"矢量图形"和"位图图像"的说法正确的是（ ）。

    A．位图图像通过图形的轮廓及内部区域的形状和颜色信息来描述图形对象

    B．矢量图形比位图图像优越

    C．矢量图形适合表达具有丰富细节的内容

    D．矢量图形具有放大仍然保持清晰的特性，但位图图像却不具备这样的特性

6．编辑位图图像时，修改的是（ ）。

    A．像素   B．曲线   C．直线   D．网格

7．在使用直线工具绘制直线时，同时按住（ ）键，则可以画出水平方向、垂直方向、45°角和 135°角等特殊角度的直线。

    A．【Alt】   B．【Ctrl】   C．【Shift】   D．【Esc】

8．在使用"矩形"工具时，希望画出的矩形为正方形，可以在绘制的同时按住（ ）键。

    A．【Ctrl】   B．【Shift】   C．【Alt】   D．【Tab】

9．在 Flash 的绘图工具中，可以同时产生笔触和填充的工具有：（ ）

    A．铅笔工具、线条工具和椭圆工具

    B．矩形工具、椭圆工具和多角星形工具

    C．刷子工具、铅笔工具和多角星形工具

    D．线条工具、椭圆工具和矩形工具

10．在 Flash 中，要绘制基本的几何形状，不可以使用（ ）绘图工具。

    A．直线   B．椭圆   C．圆   D．矩形

11．在 Flash 中，选择工具箱中的滴管工具，当单击填充区域时，该工具将自动变成（ ）工具。

    A．墨水瓶工具   B．涂料筒工具   C．刷子工具   D．钢笔工具

12．在 Flash 中，要绘制精确的直线或曲线路径，可以使用（ ）工具。

    A．铅笔工具   B．钢笔工具

    C．刷子工具   D．A 和 C 都正确

13．下面关于使用"钢笔"工具的说法错误的是（ ）。

    A．当需要绘制精确路径时，可以使用"钢笔"工具

    B．钢笔工具可以创建直线或曲线，并且调节直线的角度和长度，修改曲线的弧度

C．可以通过调节线条上的点调节直线和曲线，曲线可以转换为直线，反之亦然

D．使用"钢笔"工具绘图时，直接单击舞台可以创建曲线，单击并拖动则可以沿拖动方向创建直线

14．使用部分选取工具拖动节点时，按（　　　）键可以使角点转换为曲线点。

A．【Alt】 　　　　　　　B．【Ctrl】 　　　　　　　C．【Shift】 　　　　　　　D．【Esc】

15．下列关于图层的描述错误的是（　　　）。

A．创建动画时，可以使用图层和图层文件夹组织动画对象，以避免互相影响

B．图层文件夹可以将图层组织成易于管理的组

C．一个图层文件夹中最多放置 9 个图层

D．文档中的每一个场景都可以包含任意数量的图层

二、判断题

1．为便于 Flash 动画在网页上播放，可以在保存菜单中选择保存成 SWF 文件格式。　（　　）

2．EXE 格式的动画可在网页或播放软件中播放。　（　　）

3．只有 FLA 格式才能让用户查看动画的编辑制作内容和再编辑。　（　　）

4．SWF 的动画文件用浏览器就可以直接播放。　（　　）

5．线条工具只能绘制直线。　（　　）

6．用椭圆工具绘制正圆时，需要按住【Ctrl】键。　（　　）

7．用矩形工具可绘制正方形，矩形和圆角矩形。　（　　）

8．当需要编辑的对象不规则时，可以用套索工具选取对象。　（　　）

9．利用任意变形工具可以对图形进行缩放、旋转、倾斜、翻转、透视、封闭等变形操作。
　（　　）

10．Flash 默认的帧频是 24 fps。　（　　）

三、问答题

1．在"绘图"工具栏中包含了哪些区域，各区域有什么不同？

2．简述使用钢笔工具绘制水晶苹果的方法。

3．改变对象的大小与形状有哪几种方式？

项目二

制作音乐贺卡

项目描述

逐帧动画是一种常见的动画形式,也是二维动画的常用手段,其原理是在"连续的关键帧"中分解动画动作,也就是在时间轴的每帧上逐帧绘制不同的内容,使其连续播放而形成动画,逐帧动画具有非常强的灵活性,几乎可以表现任何想表现的内容,而它类似电影的播放模式,很适合表演细腻的动画。本项目通过"生命之初""飞鸟共还""笑掉大牙"三个任务,训练逐帧动画制作技术。

知识技能点

逐帧动画;帧;关键帧;元件;实例。

训练目标

1. 能够将动画技法应用到二维动画制作过程中,制作动画的关键画面。

2. 理解帧的概念,掌握不同类型帧的含义和使用方法,能够选择正确的帧类型。

3. 理解元件概念,理解图形元件和影片剪辑元件的区别,能够根据动画制作需要正确创建不同类型的元件并进行属性设置。

4. 能够在库面板中管理元件。

5. 审美能力得到进一步提升。

6. 能够通过各种媒体资源搜索并处理素材。

7. 能够对训练项目举一反三,灵活运用。

8. 通过小组合作,沟通能力、制订方案和解决问题能力进一步加强。

考核方案

本项目采用教师评价、小组互评、自我评价相结合的方法，评价主体及考核方案详见项目一，本项目考核内容及指标如下表所示。

考核内容及指标

考核内容	权重	内容分解	分值	指标
项目作品 （专业知识和技能）	0.7	操作规范	30	图形大小和比例符合行业规范。 能够正确并熟练使用线条、矩形、圆形、铅笔等绘图工具，能够熟练使用选择工具和填充工具
		素材准备	10	素材准备齐全，能够综合利用互联网技术下载所需素材，能够根据项目需求正确处理素材
		动画制作	30	主题明确、立意新颖。 画面简洁、构图美观。 动画流畅，配乐优美
		作品创意	20	能够在完成项目内容的基础上，增加自己的创意，构思巧妙，绘图美观，动画流畅
		作品数量	10	除按时完成规定项目训练外，能完成一定数量的拓展训练项目
方法能力	0.15	制订方案	50	能够根据项目要求制定实施方案，工作过程逻辑明确
		问题解决	50	遇到困难时解决问题方式得当
社会能力	0.15	沟通能力	50	能够积极主动地与人交流，能够正确理解他人的发言并顺畅表达自己的观点
		团队精神	50	小组合作时具有团队协作精神，并对自己的工作任务具有责任感

任务一 生命之初

任务描述

逐帧动画是二维动画的常用手段，其原理是在"连续的关键帧"中分解动画动作，也就是在时间轴的每帧上逐帧绘制不同的内容，使其连续播放而形成动画，该任务即是利用逐帧动画原理，制作绿叶生长的动画，动画效果为生命破茧而出，寓意母亲的伟大以及对母亲深深的爱，可作为母亲节贺卡，如图 2-1-1 所示。

图 2-1-1 生命之初

在具体技术层面，本任务使用 Flash 软件，利用关键帧技术将连续动作分解的静止图片顺序播放，根据动画原理，运用动画技法，将绿叶生长的过程分解为若干个关键画面，并在时间轴的每帧上逐帧绘制出各个关键画面，使其连续播放而形成树叶生长的动画，通过训练，初步理解动画制作的原理和流程，打开动画制作的知识大门。

知识技能点

帧；关键帧；动作分解；逐帧动画。

训练目标

（1）能够将动画技法应用到二维动画制作过程中，理解并分解树叶生长动作，将树叶生长分解为若干个关键画面，并分别绘制到关键帧中；

（2）通过项目训练，能够理解帧的概念，掌握不同类型帧的含义和使用方法，能够选择正确的帧类型；

（3）能够独立完成动画制作，初步体会二维动画的制作过程。

任务实施

1. 蛋壳阴影均已在，生命仰望随即来

（1）新建 Flash 文档，大小为 800 px × 600 px。

（2）图层 1 重命名为"蛋壳"，按快捷键【O】切换成椭圆工具，绘制一个类似鸡蛋的椭圆。

（3）按快捷键【Shift+F9】打开颜色面板，颜色类型选择径向渐变，根据明暗关系，调整鸡蛋蛋壳的颜色，颜色条从左到右依次为：主体颜色、高光、主体颜色、明暗交界线、反光，为蛋壳填充渐变色，如图 2-1-2 所示。

图 2-1-2　蛋壳颜色设置

（4）新建图层命名为"阴影下"，绘制椭圆作为底层阴影，注意阴影大小和鸡蛋大小一致，打开颜色面板，颜色类型选择径向渐变，根据明暗关系调整好阴影颜色并填充，使用渐变变形工具进行调整，如图 2-1-3 所示。

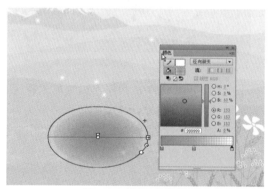

图 2-1-3　调整底层阴影

（5）新建图层命名为"阴影中"，绘制椭圆作为中层阴影，打开颜色面板，颜色类型选择径向渐变，根据明暗关系调整好阴影颜色并填充，如图 2-1-4 所示。

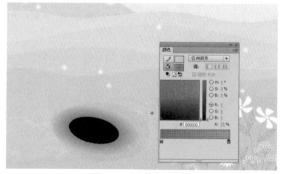

图 2-1-4　调整中层阴影

（6）新建图层命名为"阴影上"，绘制椭圆作为上层阴影，打开颜色面板，颜色类型选择径向渐变，根据明暗关系调整好阴影颜色，如图 2-1-5 所示。

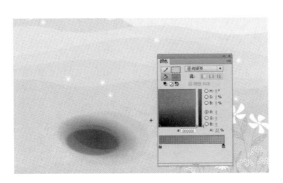

图 2-1-5 调整上层阴影

（7）调整好蛋壳和阴影的位置，如图 2-1-6 所示。

图 2-1-6 蛋壳和阴影

2．小小枝苗厌束缚，欲顶蛋壳跃出来

（1）新建图层命名为"破裂"，在第 5 帧创建关键帧，绘制蛋壳破裂的第一个画面，如图 2-1-7 所示。

（2）同理，将蛋壳破裂动画分解为 15 个关键画面，并分别绘制在第 6 ~ 第 19 帧中，注意绘制图形时位置一一对应，蛋壳裂痕完毕，如图 2-1-8 所示。

图 2-1-7 蛋壳破裂逐帧动画

图 2-1-8 绘制蛋壳裂痕

蛋壳破裂时间轴如图 2-1-9 所示。

图 2-1-9 蛋壳破裂动作分解时间轴

（3）在第 24 帧创建关键帧，绘制蛋壳即将碎掉的画面，如图 2-1-10 所示。

图 2-1-10 蛋壳即将碎掉的关键帧

（4）按快捷键【Ctrl+Enter】预览动画效果并进行微调。

（5）新建图层命名为"洞"，在蛋壳破裂即将结束的帧的位置，即第 25 帧创建关键帧，绘制鸡蛋破裂后形成的蛋洞，如图 2-1-11 所示。

图 2-1-11 蛋壳破裂的洞

3．重重险阻已度过，待我长开迎面来

（1）新建图层命名为"发芽"，在第 40 帧创建关键帧，绘制树苗发芽的第一个关键画面，如图 2-1-12 所示。

图 2-1-12　树苗发芽关键帧

（2）将树苗发芽的动画分解为关键画面，并分别绘制在相应的关键帧中，注意绘制图形时位置——对应，如图 2-1-13 所示。

图 2-1-13　树苗发芽关键帧

（3）同理，将树叶逐渐长出的动画分解为关键画面，并分别绘制在相应的关键帧中，如图 2-1-14 ～图 2-1-17 所示。

图 2-1-14　树叶生长关键帧 1

图 2-1-15　树叶生长关键帧 2

（4）按快捷键【Ctrl+Enter】预览动画效果并进行微调，达到自己想要的效果。

图 2-1-16　树叶生长关键帧 3

图 2-1-17　树叶生长关键帧 4

（5）分别新建图层，每个图层放置一行文字，并制作文字逐行渐出动画，时间轴如图 2-1-18 所示。

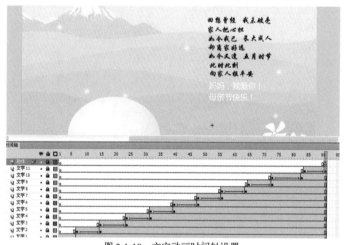

图 2-1-18　文字动画时间轴设置

（6）新建图层，在第 90 帧创建关键帧，添加停止动作。

4．百啭千声随意移，巧用导入画更真

（1）新建图层命名为"音乐"。

（2）按快捷键【Ctrl+R】打开导入对话框，导入音乐素材。

（3）按快捷键【Ctrl+L】打开库，拖动音乐素材到场景中。

（4）按快捷键【Ctrl+Enter】测试影片。

知识解读

1．什么是视觉暂留现象

视觉暂留现象（Visual Staying Phenomenon，Duration of Vision）又称"余晖效应"。人眼在观察景物时，光信号传入大脑神经，需经过一段短暂的时间，光的作用结束后，视觉形象并不立即消失，这种残留的视觉称"后像"，视觉的这一现象则被称为视觉暂留。其时值是 1/24 s，是动画、电影等视觉媒体形成和传播的根据。

视觉暂留现象首先被中国人发现，早在宋朝，中国人就发明了走马灯，这是历史记载中最早的视觉暂留运用，如图 2-1-19 所示。

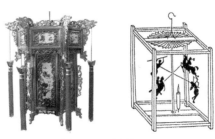

图 2-1-19　走马灯

2．动画是怎么产生的

动画的产生正是运用了视觉暂留现象，动画是许多帧静止的画面连续播放时的过程，当所有连续动作的单帧画面串连在一起，并且以一定的速度播放，就会使眼睛产生错觉，形成动画。一般而言，电影的播放速度是每秒 24 格画面，Flash 动画的播放速度是每秒 24 帧画面，例如一只飞鸟的动画，可以分解为 6 个关键帧，然后顺序循环播放，如图 2-1-20 所示。

图 2-1-20　飞鸟动画分解

3．什么是逐帧动画

逐帧动画是一种常见的动画形式，其原理是在"连续的关键帧"中分解动画动作，也就是在时间轴的每帧上逐帧绘制不同的内容，使其连续播放而形成动画。因为逐帧动画的帧序列内容不一样，不但给制作增加了负担而且最终输出的文件量也很大，但它的优势也很明显：逐帧动画具有非常大的灵活性，几乎可以表现任何想表现的内容，而它类似于电影的播放模式，很适合表演细腻的动画。例如：飞鸟、头发飘动、走路、说话等，如图 2-1-21 所示。

图 2-1-21　逐帧动画

经验共享

1．逐帧动画有哪些创建方法

方法一：导入静态图片

使用数码照相机等连拍图片，连续导入到 Flash 中，即可建立一段逐帧动画，具体操作方法如下：

（1）使用数码照相机连拍照片。

（2）新建 Flash 文档，选择"文件"→"导入到库"命令，在弹出的对话框中选中所有素材图片一并导入到库中。

（3）按快捷键【Ctrl+L】打开库面板，拖动第一幅图片到舞台上，按快捷键【Ctrl+I】打开信息面板，设置图片 X 和 Y 坐标均为 0，使图片对齐舞台左上角。

（4）在时间轴第 2 帧按快捷键【F7】创建空关键帧，同理，拖放库中第二幅图片并设置相同的位置坐标。

（5）同理，制作第 3 帧、第 4 帧……将所有图片按顺序分别放入关键帧中。

方法二：逐帧绘图

依据动画原理将动作进行分解，使用鼠标或压感笔在场景中一帧帧地画出关键画面，然后顺序播放，具体操作方法详见任务二中"一只飞鸟"元件的制作过程。

方法三：制作文字逐帧动画

用文字作帧中的元件，实现文字跳跃、旋转等特效，具体操作方法如下：

（1）打开 Flash，输入文字"跳动"。

（2）在第 2 帧处按快捷键【F6】创建关键帧，选中文字，按住【Shift】键的同时按一次向上方向键，此时文字向上移动 10 像素。

（3）在第 3 帧处按快捷键【F6】创建关键帧，选中文字，按快捷键【Q】切换为任意变形工具，将文字旋转 180°。

（4）在第 4 帧处按快捷键【F6】创建关键帧，选中文字，按住【Shift】键的同时按一次向下方向键，此时文字向下移动 10 像素。

（5）按快捷键【Ctrl+Enter】测试影片，观察动画效果。

方法四：导入序列图像

导入 GIF 序列图像、SWF 动画或者利用第三方软件（如 Swish、Swift 3D 等）产生动画序列，即会自动建立一段逐帧动画，具体操作方法是：打开 Flash，按快捷键【Ctrl+R】，弹出"导入"对话框，选择 GIF 图像。观察时间轴，计算机自动将 GIF 图像分解为序列画面，如图 2-1-22 所示。

图 2-1-22　导入序列图像

2.如何正确使用不同类型的帧

帧是 Flash 动画制作的基本单位，每一个精彩的 Flash 动画都是由很多个精心雕琢的帧构成的，在时间轴上的每一帧都可以包含需要显示的所有内容，包括图形、声音、各种素材和其他多种对象，帧包括以下三种类型：

（1）关键帧：有内容的帧，在时间轴上显示为实心圆点，用来定义动画变化、更改状态。

（2）空关键帧：没有内容的关键帧，在时间轴上显示为空心圆点，可以用来设置动作，也可以用来控制某段动画的起始时间。

（3）普通帧：在时间轴上显示为灰色填充的小方格。在时间轴上能显示对象，但不能编辑对象，其内容等同于与之最近的关键帧，可以用来延长对象停留的时间。

在同一图层中，在前一个关键帧后面任一帧处插入关键帧，则复制前一个关键帧的内容，并且可对其编辑；如果插入普通帧，则是延续前一个关键帧的内容，不可以对其编辑；如果插入空白关键帧，则清除该帧后面的延续内容，也可以在空白关键帧上添加新的内容。在使用中应尽可能节约关键帧的使用，以减小动画文件的体积，同时尽量避免在同一帧处过多地使用关键帧，以减小动画运行的负担，使画面播放流畅。

拓展训练

使用同样的方法，可以制作头发飘动、走路、说话等各种逐帧动画，例如独角兽的跑步可以分解为 10 个关键动作，分别置于 10 个关键帧中，如图 2-1-23 ～图 2-1-27 所示。

图 2-1-23　奔跑的独角兽动画第 1、2 关键帧

图 2-1-24　奔跑的独角兽动画第 3、4 关键帧

图 2-1-25　奔跑的独角兽动画第 5、6 关键帧

图 2-1-26　奔跑的独角兽动画第 7、8 关键帧

图 2-1-27　奔跑的独角兽动画第 9、10 关键帧

任务二　飞鸟共还

任务描述

　　元件是 Flash 动画中最基本的元素，在 Flash 制作过程中，大部分是通过元件完成的。本任务通过将逐帧动画制作成元件，并巧妙对元件的实例进行色调、播放效果等设置，制作一群五彩缤纷的飞鸟，列队飞翔的动画。整体动画效果为碧海蓝天，飞鸟共还，寓意着团圆与幸福，可作为中秋节贺卡，如图 2-2-1 所示。

图 2-2-1　飞鸟共还

在具体技术层面，本任务根据逐帧动画原理，对小鸟飞翔动作进行分解，并逐帧绘制，制作小鸟飞翔的逐帧动画，然后创建多个小鸟飞翔图形元件的实例，分别设置各实例的色调和动画起始帧数，完成一群飞鸟的动画制作。

知识技能点

元件；实例；图形元件；逐帧动画。

训练目标

（1）能够将动画技法应用到二维动画制作过程中，理解并分解小鸟飞翔动作，将小鸟飞翔分解为若干个关键画面，并分别绘制到关键帧中，熟练制作出逐帧动画。

（2）通过项目训练，能够理解元件概念，理解图形元件和影片剪辑元件的区别，能够根据动画制作需要正确创建不同类型的元件。

（3）能够正确设置图形元件各种属性，完成美观流畅的飞鸟动画制作。

任务实施

1. 天生我材必有用，请看我辈巧填景

（1）从互联网上下载素材图片，画面内容为碧海蓝天。

（2）启动 Photoshop，打开素材图片，按快捷键【M】切换为矩形选框工具，修改工具属性栏"样式"为"约束长宽比"，如图 2-2-2 所示。

图 2-2-2　矩形选框设置

（3）根据背景设计需求在素材图片上绘制选区范围。

（4）选择"图像"→"裁剪"命令剪裁图片，将四周不需要的画面去掉，只保留需要的内容。

（5）选择"图像"→"图像大小"命令，弹出"图像大小"对话框，选中"约束比例"复选框，修改图像像素宽度为 900，则高度自动变为 600，如图 2-2-3 所示。

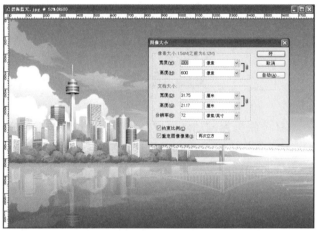

图 2-2-3 修改图像大小

（6）保存图像为 JPEG 格式，存储品质设置为"8"，背景图片效果如图 2-2-4 所示。

图 2-2-4 背景图片

2．飞鸟静景交相映，鸟动堪比龙点睛

（1）新建 Flash 文档，大小为 900 px × 600 px。

（2）图层 1 重命名为"背景"，按快捷键【Ctrl+R】弹出导入命令对话框，选择已处理好的大海风景背景图片，打开信息面板，设置图片 X、Y 坐标均为 0，使之完全覆盖舞台。

（3）按快捷键【Ctrl+F8】建立新元件，命名为"一只飞鸟"，元件类型选择"图形"。根据动画原理分解飞鸟动作为九个关键画面，按快捷键【N】切换为线条工具，绘制分解动作第一个关键帧，如图 2-2-5 所示。

（4）在时间轴第 2 帧处按快捷键【F7】创建空关键帧，绘制第 2 个分解动作，同理，分别在第 3 ～第 9 帧中绘制其他分解动作，如图 2-2-6 所示。

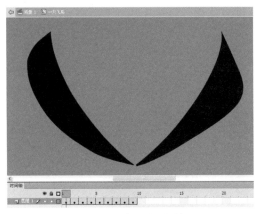

图 2-2-5　绘制第 1 个关键帧

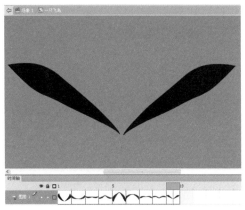

图 2-2-6　动作分解关键帧

3．孤鸟终究不入眼，群鸟齐归才是真

（1）按快捷键【Ctrl+F8】建立新元件，命名为"一群飞鸟"，元件类型选择"影片剪辑"。

（2）按快捷键【Ctrl+L】打开库面板，拖动"飞鸟"元件到场景中，按快捷键【Q】切换为任意变形工具，调整好飞鸟大小。

（3）选择飞鸟图形元件，打开属性面板，打开"色彩效果"选项，在"样式"中选择"色调"选项，设置飞鸟图形元件色调为白色，如图 2-2-7 所示。

图 2-2-7　修改图形元件色调

（4）在属性面板中选择"循环"选项，设置动画在循环播放时的起始帧即第 1 帧的数值，如图 2-2-8 所示。

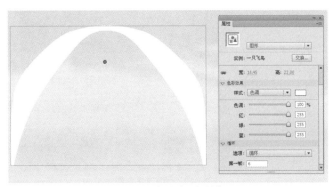

图 2-2-8　修改动画起始帧

（5）复制多个"一只飞鸟"图形元件的实例，排列位置，修改大小，并分别设置不同的色调和不同的起始帧，如图 2-2-9 所示。

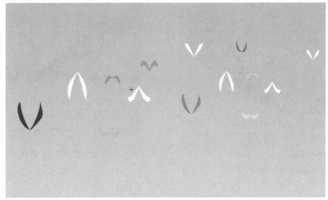

图 2-2-9　设置多个图形元件

（6）在第 9 帧处按快捷键【F5】创建普通帧，为飞鸟设置足够的飞翔帧数。

（7）返回到主场景，锁定背景图层，新建图层命名为"飞鸟"，从库中拖动"一群飞鸟"影片剪辑元件到舞台上，调整好大小和位置，如图 2-2-10 所示。

图 2-2-10　制作一群飞鸟

（8）新建图层命名为"白底"，绘制白色矩形，选中矩形，按快捷键【F8】转化为元件，修改元件色彩效果属性，设置 Alpha 值为 88，文字为半透明白底，效果如图 2-2-11 所示。

图 2-2-11　设置文字白底

（9）新建元件命名为"文字动画"，分别新建图层，每个图层放置一行文字，并制作文字逐行渐出动画，并在最后一个关键帧添加停止动作，文字效果如图 2-2-12 所示。

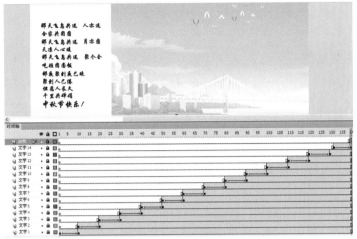

图 2-2-12 文字效果

（10）回到场景，新建图层命名为"文字"，将文字动画元件拖放到场景中，按【Ctrl+Enter】键预览动画效果并进行微调，也可以自己创意并制作文字消失动画，时间轴如图 2-2-13 示。

图 2-2-13 时间轴设置

4．百啭千声随意移，巧用导入画更真

（1）新建图层命名为"音乐"。

（2）按快捷键【Ctrl+R】弹出导入对话框，导入音乐素材。

（3）按快捷键【Ctrl+L】打开库，拖动音乐素材到场景中。

（4）按快捷键【Ctrl+Enter】测试影片。

知识解读

1．什么是元件

元件是指在 Flash 中创建而且保存在库中的图形、按钮或影片剪辑，元件只需创建一次，即可在整个文档或其他文档中重复使用。在制作动画过程中很多时候需要重复使用素材，这时就可以转换元件，或者新建元件，如图 2-2-14 所示。

元件的最大优点是可以重复使用，并且当需要对重复使用的元素进行修改时，只需编辑元件，而不必对所有该元件的实例一一进行修改，Flash 会根据修改的内容对所有该元件的实例进行更新。

图 2-2-14　新建元件

2．元件有哪些类型

（1）影片剪辑元件：可以理解为电影中的小电影，它完全独立于场景时间轴，并且可以重复播放，也就是说，即便它在主场景的时间轴上只占 1 帧，也可以完全播放其中的动画，需要注意的是影片剪辑元件中的动画只能在影片测试时才能播放。

（2）图形元件：可以重复使用的静态图像，一般是一幅静止的画面，也可以用来制作动画，但是它要依附于场景时间轴播放。

（3）按钮元件：用于制作交互动画，包含 4 个关键帧，每个关键帧中可以嵌套图形或影片剪辑元件，但它的时间轴不能播放，需要根据鼠标指针的动作做出响应，例如当鼠标指向、滑过或者按下时，通过给按钮添加动作可以跳转到相应的帧，从而制作出各种交互动画。

3．什么是实例

当元件从库中拖放到舞台上，便成为该元件的一个实例，一个元件可以有很多个实例，而一个实例只归属某一个元件。可以对实例进行整体缩放、旋转、调色等操作，还可以单独对某个实例进行命名以方便操作，如图 2-2-15 所示。

图 2-2-15　设置实例名称

三种类型的元件在舞台上的实例都可以相互转换角色，方法是在属性面板中更改类型，例如使用影片剪辑元件实例时，可以把它转换为图形类型，以设置起始帧数，如图 2-2-16 所示。

图 2-2-16　修改实例类型

经验共享

1．如何熟练操作帧

选择帧时要特别注意鼠标指针的形状，当鼠标指针为白箭头时才能选择，单击即选中一个帧，选中的帧是黑色的，同时该帧中的所有内容也都被选中，因而选择帧可以用作全选命令。当指针为白箭头时拖动鼠标，即选择多个帧，注意拖动鼠标的时候不要有停顿，否则会移动帧的位置，而不是拖动选择了。

插入帧的方法是先确定插入位置右击，在弹出的快捷菜单中选择"插入帧"命令即可；选中帧后右击，在弹出的快捷菜单中选择"删除帧"命令，则会删除帧，注意【Delete】键的作用是删除该帧中的内容而不删除帧。

2．如何通过实例属性设置制作多彩对象

元件不仅可以重复使用，还可以通过设置该元件不同实例的属性制作出千变万化的效果，例如米老鼠的图形元件，通过调节属性面板"色彩效果"中的各个参数，可以制作出各种效果，如图 2-2-17 ～图 2-2-21 所示。

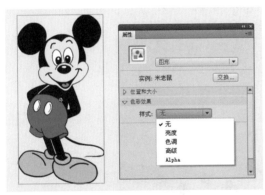

图 2-2-17　无色彩效果

图 2-2-18　调节"亮度"参数实例效果

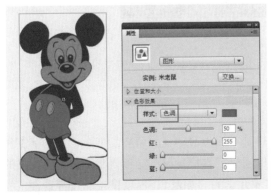

图 2-2-19　调节"色调"参数实例效果

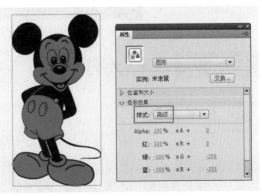

图 2-2-20　调节"高级"参数实例效果

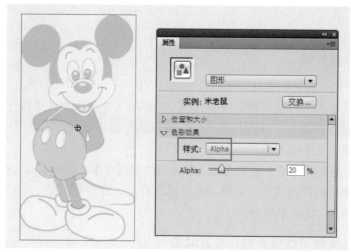

图 2-2-21 调节"Alpha"参数实例效果

拓展训练

利用同样的思路，可以制作七彩气球等效果，如图 2-2-22 所示。

图 2-2-22 七彩气球

任务三 笑掉大牙

任务描述

元件作为动画制作的关键内容，其应用将渗透到今后学习动画的所有类型中，在动画制作过程中要根据需要创建不同类型的元件，本任务即通过"直接复制"元件得到两种不同效果的动画。同时，动画制作还需要音频、视频等多媒体元素的"加盟"，本项目在加入背景音乐的基础上，要求配音并进行声画对位。整体动画效果为：一张笑脸上露出一排牙齿，咯咯笑时不经意间笑掉了一颗大牙，寓意着知足常乐，开心就好，可以作为愚人节贺卡，如图 2-3-1 所示。

图 2-3-1　笑掉大牙

知识技能点

元件；影片剪辑元件；音频；音频编辑。

训练目标

（1）进一步理解元件概念，能够根据动画需要选择正确的元件类型。

（2）能够在库面板中管理元件。

（3）能够熟练操作音频编辑软件 Wave CN，对音频进行编辑。

（4）能够在制作动画时实现声画对位效果。

任务实施

1．屏上一张黄面来，是悲是喜让人猜

（1）新建 Flash 文档，大小为 800 px × 600 px。

（2）按快捷键【Ctrl+F8】新建图形元件，命名为"笑脸"，在该元件层级，将图层 1 重命名为"脸"。

（3）按快捷键【O】切换为椭圆工具，绘制脸部轮廓，按快捷键【Shift+F9】打开颜色面板，颜色类型选择线性渐变，设置橙色到黄色渐变，填充颜色，按快捷键【F】切换为渐变色调整工具，调整好渐变色，如图 2-3-2 所示。

（4）新建图层命名为"眼眉"，综合使用线条工具和选择工具绘制眼睛和眉毛，并调整好位置，如图 2-3-3 所示。

图 2-3-2　绘制脸部

图 2-3-3　绘制眼眉

（5）回到场景，图层 1 重命名为"笑脸"，按快捷键【Ctrl+L】打开库，拖动"笑脸"图形元件到舞台上，调整好大小和位置。

2．笑前笑后容已现，今后若笑必收敛

（1）在场景中，新建图层命名为"掉牙前咯咯笑"，使用线条工具或者椭圆工具分别绘制鼻孔和嘴巴，如图 2-3-4 所示。

（2）选中嘴巴，按快捷键【F8】，将所选择对象转换为影片剪辑元件，命名为"掉牙前咯咯笑"，此时进入该元件编辑层级。

（3）在第 5 帧处按快捷键【F6】创建关键帧，将鼻子和嘴巴向上移动 10 像素，在第 8 帧处按快捷键【F5】创建普通帧，至此完成掉牙前鼻子和嘴巴上下咯咯笑的动画效果，如图 2-3-5 所示。

图 2-3-4　绘制鼻孔和嘴巴

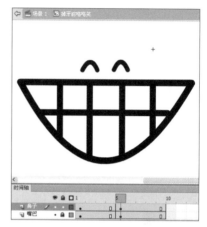

图 2-3-5　时间轴设置

（4）打开库，在"掉牙前咯咯笑"影片剪辑元件上右击，在弹出的快捷菜单中选择"直接复制"命令，即复制出一个新的影片剪辑元件（见图 2-3-6），重命名为"掉牙后咯咯笑"。

（5）双击打开"掉牙后咯咯笑"影片剪辑元件，即进入该元件编辑层级，选中第 1 帧，将准备掉的那个牙齿修改为黑色。同样，选中第 5 帧，将准备掉的那个牙齿也修改为黑色，至此完成掉牙后鼻子和嘴巴上下咯咯笑的动画效果，如图 2-3-7 所示。

图 2-3-6　复制元件

图 2-3-7　掉牙后咯咯笑

3．不知牙齿何处去，做成动画细看来

（1）回到场景，新建图层命名为"掉牙"，在第 35 帧按快捷键【F6】创建关键帧，绘制准备飞出的牙齿，如图 2-3-8 所示。

（2）在第 45 帧创建关键帧，创建第 35 帧～第 45 帧之间的传统补间动画，选中第 45 帧，将该处的牙齿拖动到舞台之外，如图 2-3-9 所示。

图 2-3-8　绘制牙齿

图 2-3-9　制作牙齿动画

（3）选中第 35 帧～第 45 帧之间的任意一帧，打开属性面板，设置"旋转"为顺时针 1 圈，如图 2-3-10 所示。

（4）在属性面板中，设置"缓动"值为"100"，作用是牙齿在飞落的过程中做减速运动，如图 2-3-11 所示。

图 2-3-10　设置旋转　　　　　　　　　　　　　图 2-3-11　设置缓动

（5）打开信息面板，记录"嘴巴"图层中"掉牙前咯咯笑"元件实例的 X 和 Y 坐标值。

（6）新建图层命名为"掉牙后"，在第 46 帧创建关键帧，从库中拖动"掉牙后咯咯笑"元件到舞台上，打开信息面板，输入"掉牙前咯咯笑"元件实例的坐标值。

（7）检查各图层帧数，将多余的帧删除。

4．哈哈大笑齿飞出，没有笑声怎能行

（1）下载并安装音频编辑软件 Wave CN。

（2）打开 WaveCN，选择"媒体控制"→"录音"命令，弹出"录音"对话框，"频率"设置为 44.1kHz，"录音端口"根据个人计算机硬件配置选择"内置式麦克风"或者"外部麦克风"，设置"录音方式"为"录制到临时文件让 WaveCN 自动打开"，如图 2-3-12 所示。

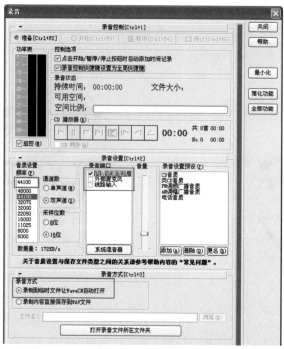

图 2-3-12　录音设置

（3）单击"准备"按钮，然后单击"开始"按钮，此时便可以对着麦克风进行录音，录音时功率表会自动跳动，可以暂停录音再接着录制，录制完毕后单击"停止"按钮，关闭对话框，则自动返回软件，观察界面，已经自动生成了声音的波形，如图 3-2-13 所示。

（4）使用复制、粘贴、剪切、删除等命令编辑声音。

（5）保存音频，选择格式为 MP3，比特率选择 128kbps，如图 2-3-14 所示。

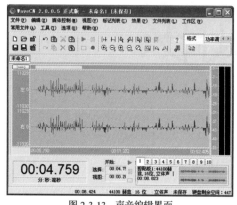

图 2-3-13　声音编辑界面

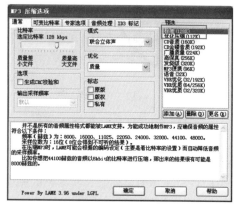

图 2-3-14　保存音频

（6）回到 Flash 文档，新建图层命名"音频"，在牙齿即将掉落的一帧（本例为第 35 帧）上按快捷键【F6】创建关键帧，按快捷键【Ctrl+R】导入编辑好的音频文件。

（7）创建新元件命名为"文字动画"，分别新建图层，每个图层放置一行文字，并制作文字逐行渐出动画，如图 2-3-15 所示。

（8）按快捷键【Ctrl+Enter】预览动画效果并进行微调，时间轴设置如图 2-3-16 所示。

图 2-3-15　文字效果　　　　　　　　　　　　　　图 2-3-16　　时间轴设置

知识解读

1．图形元件与影片剪辑元件有什么区别

（1）影片剪辑元件本身可以加入动作语句和声音，图形元件则不能。

（2）影片剪辑元件的播放不受场景时间线长度的制约，它有元件自身独立的时间线，图形元件的播放则完全受制于场景时间线，场景中时间线必须具有足够的长度才能完全播放。

（3）影片剪辑元件在场景中按【Enter】键测试时是看不到实际效果的，只能在按快捷键【Ctrl+Enter】预览动画时才看得到，而图形元件在场景中可以随时观看动画效果。

2．二维动画制作中的音频常用哪些格式

通常情况下，Flash 能够很好地支持 WAV、MP3 以及 AIFF 音频格式的播放和控制，如果机器上装有 Qicktime4 或者更高版本，还可以支持更多的格式。WAV 格式的音频音质很高，同时文件也很大。AIFF 格式的音频是 Macromedia 产品中广泛使用的一种数字音频格式。MP3 是一种音频压缩技术，其全称是动态影像专家压缩标准音频层面 3，简称为 MP3，它被设计用来大幅度地降低音频数据量，可以将音乐以 1:10 甚至 1:12 的压缩率，压缩成容量较小的文件，而重放的音质与最初的不压缩音频相比没有明显下降。

由于声音文件本身比较大，会占有较大的磁盘空间和内存，所以在制作动画时尽量选择效果相对较好、文件较小的声音文件。MP3 声音数据是经过压缩处理的，所以比 WAV 或 AIFF 文件较小，因而也经常用在动画制作中。

二维动画中最佳标准 MP3 音频编码格式为 44100 Hz 采样率、128 kbps 比特率、双声道立体声。由于一些 MP3 文件不是标准的系统编码的音频数据，并不是以上所有的编码格式 Flash 都能支持，在向 Flash 软件中导入音频文件时经常会报错"读取文件时出现问题，一个或多个文件没有导入"，此时可以使用一些音频处理小软件解码音频，然后再保存为标准格式重新生成音频。

经验共享

1．什么时候新建元件，什么时候转换元件

当从头建立一个元件时可以选择新建命令，当新建的元件需要和背景等画面对应位置和大

小相等时，可以在场景中先摆放好其他元素，然后新建图层，以现有画面为基础绘制元件对象，再选中对象将其转化为元件，这样元件就不会过大或者过小了。

2. 怎样管理元件

元件的管理在库面板中进行，在库面板中可以创建许多文件夹，对不同类别的元件进行分类管理。随着动画制作过程的进展，库中的项目将变得越来越杂乱，一些元件几乎没用上，却浪费着宝贵的源文件空间。可在库右上角下拉菜单中选择"选择未用项目"命令，Flash 会把这些未用的元件全部选中，再选择菜单中的"删除"命令或者直接单击"删除"按钮，则可以将它们删除，如图 2-3-17 所示。

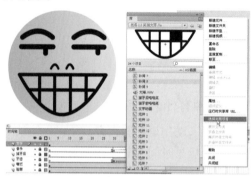

图 2-3-17　删除未使用项目

删除未使用元件的操作需要重复几次，因为有的元件内还包含大量其他"子元件"，第一次显示的往往是"母元件"。"母元件"删除后，其他"子元件"才会暴露出来。清除多余文件后库面板会变得条理清晰，同时也会大大减少源文件大小。

拓展训练

同样方法，设计不同的笑脸，并设计不同的笑掉大牙效果，如图 2-3-18 ～图 2-3-21 所示。

图 2-3-18　笑掉大牙 1

图 2-3-19　笑掉大牙 2

图 2-3-20　笑掉大牙 3

图 2-3-21　笑掉大牙 4

思考与练习

一、选择题

1. 将舞台中的元件调整颜色为红色，库中的元件会出现（　　）情况。

    A. 元件变为红色或蓝色　　　　　　　　B. 元件不变色

    C. 元件被打破，分成一组组单独的对象　　D. 元件消失

2. 关于设置元件种类的正确描述是（　　）。

    A. 在"新建元件"对话框中，提前设置元件的种类

    B. 在"库"中选择元件，选择"属性"命令来更改元件的种类

    C. 在"转换元件"对话框中，改更元件种类

    D. 以上说法均正确

3. 在元件"属性"对话框中，可以更改元件属性为（　　）。

    A. 影片剪辑　　　　　B. 按钮　　　　　C. 图形　　　　　D. 位图

4. 编辑元件有以下哪种方式？（　　）

    A. 在库中鼠标双击元件，即可进入编辑元件的模式，进行编辑

    B. 若元件在舞台上，可双击元件，也可进入编辑元件的模式，进行编辑

    C. 在舞台上，双击元件舞台空白处，即可关闭编辑元件模式

    D. 单击舞台顶部"场景"按钮，即可关闭编辑元件模式

5. 关于图形元件的正确描述是（　　）。

    A. 可以转换为按钮元件和影片剪辑元件　　B. 是静态元件

    C. 可以重新进行编辑　　　　　　　　　　D. 可以添加到按钮元件和影片剪辑元件中

6. 关于图形元件的正确描述是（　　）。

    A. 图形元件可重复使用　　　　　　　　　B. 图形元件不可重复使用

    C. 可以在图形元件中使用声音　　　　　　D. 可以在图形元件中使用交互式控件

7. 使用元件的优点是（　　）。

    A. 节省空间　　　　B. 节省操作时间　　　　C. 调动灵活　　　　D. 没有什么优点

8. 以下关于使用元件优点的叙述，不正确的是（　　）。

    A. 使用元件可以使电影的编辑更加简单化

    B. 使用元件可以使发布文件的大小显著地缩减

    C. 使用元件可以使电影的播放速度加快

    D. 使用元件可以使动画更加漂亮

9. 关于元件下列说法错误的是（　　）。

    A. 元件存放在库中　　　　　　　　B. 元件不可被拆分

    C. 元件可以制作形状补间动画　　　D. 元件有 3 种类型

10. 关于元件和图形的异同，下列说法正确的是（　　）。

    A. 元件和图形可以相互转化

    B. 动画中的图形和元件均存放在库中，以便多次使用

    C. 图形可用于制作动作补间动画

    D. 元件制作时不可使用图形

二、判断题

1．图形元件单独没有动画效果，必须配合主舞台的时间轴动画片段。　　　（　　）

2．根据需要，Flash 中的元件可以不存放在库中。　　　（　　）

3．Flash 中元件即可以是一个静止的图形也可以是一个动画短片。　　　（　　）

4．修改元件不影响实例，修改实例要影响元件。　　　（　　）

5．逐帧动画是指将动画分成若干帧，一帧就是一幅画面，它有很大的灵活性，几乎可以表现任何想表现的内容。　　　（　　）

三、问答题

1．Flash 动画产生的原理是什么？

2．创建逐帧动画有哪几种方法？

3．什么是元件，元件有哪些优点？

4．什么是实例？元件和实例有什么区别和联系。

项目三

制作风景动画

项目描述

补间动画是 Flash 动画中非常重要的表现手段之一，它是在一个关键帧上放置元件，然后在另一个关键帧改变这个元件，Flash 将自动创建关键帧中间的动画，在 Flash 动画制作中补间动画分为形状补间动画与动画补间动画两种，该项目通过"海上灯塔""那时烟雨""竹林听风"三个任务，训练形状补间动画与动画补间动画的制作技法，并进一步提高动画审美能力和策划能力。

知识技能点

补间动画；动画补间；形状补间；元件。

训练目标

1. 理解补间动画与传统补间动画的区别。
2. 能够熟练创建和编辑两种类型的补间动画。
3. 审美能力得到进一步提升。
4. 能够通过各种媒体资源搜索并处理素材。
5. 能够对训练项目举一反三，灵活运用。
6. 通过小组合作，沟通能力、制订方案和解决问题能力进一步加强。

考核方案

本项目采用教师评价、小组互评、自我评价相结合的方法，评价主体及考核方案详见项目一，本项目考核内容及指标如下表所示。

考核内容及指标

考核内容	权重	内容分解	分值	指标
项目作品（专业知识和技能）	0.7	操作规范	30	图形大小和比例符合行业规范。能够正确并熟练使用线条、矩形、圆形、铅笔等绘图工具，能够熟练使用选择工具和填充工具
		素材准备	10	素材准备齐全，能够综合利用互联网技术下载所需素材，能够根据项目需求正确处理素材
		动画制作	30	主题明确、立意新颖。画面简洁、构图美观。动画流畅，配乐优美
		作品创意	20	能够在完成项目内容的基础上，增加自己的创意，构思巧妙，绘图美观，动画流畅
		作品数量	10	除按时完成规定项目训练外，能完成一定数量的拓展训练项目
方法能力	0.15	制订方案	50	能够根据项目要求制订实施方案，工作过程逻辑明确
		问题解决	50	遇到困难时解决问题方式得当
社会能力	0.15	沟通能力	50	能够积极主动地与人交流，能够正确理解他人的发言并顺畅表达自己的观点
		团队精神	50	小组合作时具有团队协作精神，并对自己的工作任务具有责任感

任务一 海上灯塔

任务描述

补间动画是一种在最大程度减少文件大小的同时创建随时间移动和变化动画的有效方法，它也是 Flash 中非常重要的表现手段之一，它是在一个关键帧上放置元件，然后在另一个关键帧改变这个元件的大小、颜色、位置、透明度等，Flash 将自动根据二者之间帧的值自动创建中间动画。本任务综合运用文字、图像、音乐等多媒体元素，动画效果为：在茫茫的大海上，灯塔之光微明微亮，为迷茫的航行者指明方向，如图 3-1-1 所示。

图 3-1-1 海上灯塔

在具体技术层面，本任务利用素材图片，使用图像处理软件制作成黄昏或者夜景效果作为动画背景，使用 Flash 软件绘制灯塔上的单个灯光图形，并制作灯光扫过茫茫大海的动画效果，然后通过不断复制形成灯光循环不断的动画。在文字处理方面，利用逐帧动画制作文字逐个出现效果，再利用补间动画制作跳动光晕效果覆盖文字之上，两个动画同步进行，使文字动画更具动感。

知识技能点

补间动画；动画补间动画；元件。

训练目标

（1）能够综合运用绘图工具正确绘制光晕效果的图形轮廓，并通过颜色的巧妙设置实现光晕效果。

（2）能够熟练创建和编辑动画补间动画。

（3）通过画面设计和动画制作，审美能力得到进一步提升，沟通能力、制定方案和解决问题的能力进一步加强。

任务实施

1. 水静塔孤天色暗，唯剩海上小渔船

（1）启动 Photoshop 软件，打开背景素材图片，大小为 800 px×600 px，如图 3-1-2 所示。

图 3-1-2　背景图片

（2）按快捷键【Ctrl+M】打开"曲线"面板，调整曲线以改变图像明暗度，如图 3-1-3 所示，调整后图像效果为暗部变亮，亮部变暗，以营造画面总体灰暗的效果，如图 3-1-4 所示。

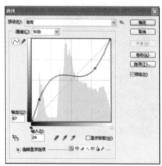

图 3-1-3　调整曲线

图 3-1-4　曲线调整效果

（3）按快捷键【Ctrl+U】打开"色相/饱和度"面板，降低图像明度和饱和度，如图 3-1-5 所示，调整后图像效果为黑夜效果，如图 3-1-6 所示。

图 3-1-5　调整明度

图 3-1-6　明度调整效果

（4）新建 Flash 文档，大小为 800 px×600 px。

（5）图层 1 重命名为"背景"，按快捷键【Ctrl+R】导入调整好的背景图片，并调整图片位置使之与舞台相匹配。

2．不知灯塔何人建，塔型虽好却缺明

（1）按快捷键【Ctrl+J】打开文档属性面板，设置背景为黑色，如图 3-1-7 所示。

（2）按快捷键【Ctrl+F8】新建影片剪辑元件，命名为"灯光单个"，按快捷键【N】切换为线条工具，绘制灯光轮廓，如图 3-1-8 所示。

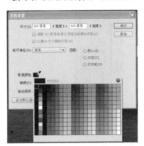

图 3-1-7　修改文档背景颜色

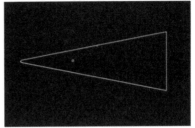

图 3-1-8　灯光轮廓

（3）打开颜色面板，设置白色渐渐透明的线性渐变，为灯光轮廓填充颜色，按快捷键【F】切换为渐变色调整工具，微调渐变色，删掉轮廓线，如图 3-1-9 所示。

（4）按快捷键【Q】切换为任意变形工具，将灯光元件的注册点移动到左端，这样在制作动画时元件以左端为轴心进行运动，第 1 帧效果如图 3-1-10 所示。

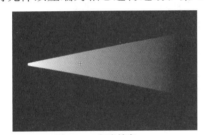

图 3-1-9　灯光填色

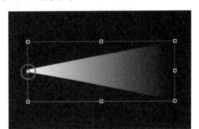

图 3-1-10　修改元件注册点

（5）在第 25 帧处按快捷键【F6】创建关键帧，创建第 1 帧到第 25 帧的传统补间动画，选中第 25 帧，按快捷键【Ctrl+T】打开变形面板，取消锁定比例，将灯光横向缩放至 1.2%，第 25 帧效果如图 3-1-11 所示。

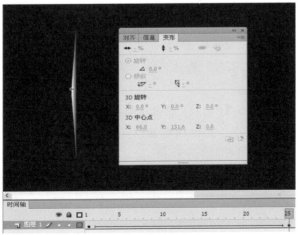

图 3-1-11　灯光缩放效果

（6）在第 26 帧、第 27 帧处分别按快捷键【F6】创建关键帧，选中第 26 帧，按【Delete】键将灯光删除，该帧变为空关键帧，在第 27 帧上按快捷键【Ctrl+T】打开变形面板，设置"垂直倾斜"180°，灯光即水平翻转 180°，第 27 帧效果如图 3-1-12 所示。

图 3-1-12　灯光翻转效果

（7）在第 55 帧处按快捷键【F6】插入关键帧，创建第 27 ～ 第 55 帧的传统补间动画，选中第 55 帧，打开变形面板将灯光横向缩放至 100%，第 55 帧效果如图 3-1-13 所示。

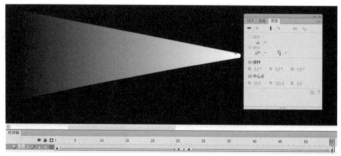

图 3-1-13　灯光放大效果

（8）按快捷键【Ctrl+Alt+Enter】预览影片剪辑元件动画，此时动画效果为一个灯光从右到左扫过。

3．天色渐晚人未去，缕缕灯光照我行

（1）按快捷键【Ctrl+F8】新建影片剪辑元件，命名为"灯光一组"，图层 1 重命名为"灯光 1"。

（2）按快捷键【Ctrl+L】打开库，拖动元件"灯光单个"到舞台上，在第 115 帧按快捷键【F5】，以延长该元件停留时间。

（3）选中该实例，按快捷键【Ctrl+I】打开信息面板，记录下该实例的 X 和 Y 坐标值。

（4）新建图层命名为"灯光 2"，在第 10 帧处按快捷键【F6】，拖动元件"灯光单个"到舞台中，选中该实例，打开信息面板，设置相同的坐标值，使之与"灯光 1"图层中的元件实例位置对齐。

（5）同理，新建图层，分别命名为"灯光 3""灯光 4""灯光 5""灯光 6""灯光 7"，每个图层均放置元件"灯光单个"，利用信息面板将图形对齐。后一个灯光出现比前一个灯光出现的时间依次延时 10 帧，如图 3-1-14 所示。

（6）按快捷键【Ctrl+Alt+Enter】预览影片剪辑元件动画，此时动画效果为一组灯光依次从右到左扫过。

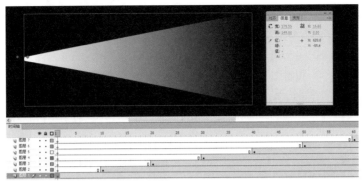

图 3-1-14 "灯光一组"时间轴设置

（7）回到场景，新建图层命名"灯光"，从库中拖动"灯光一组"元件到场景中，按快捷键【Q】切换为任意变形工具，根据灯塔调整好灯光的大小和位置，如图 3-1-15 所示。

图 3-1-15 调整灯光

（8）按快捷键【Ctrl+Enter】预览影片，并根据动画效果进行微调。

4．光现字显如塔光，闪烁四字配夜景

（1）回到场景，新建图层命名为"文字"，按快捷键【T】切换为文字工具，输入文字"海上灯塔"，打开属性面板，设置字号、字体、颜色等信息，调整文字大小和位置，如图 3-1-16 所示。

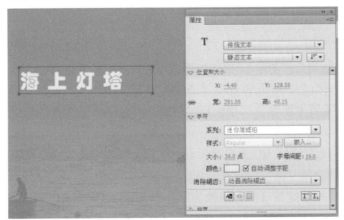

图 3-1-16 输入文字

（2）按快捷键【Ctrl+B】打散文字，按快捷键【F8】将打散文字转换为影片剪辑元件，命名为"文字"，双击文字进入该元件层级制作文字动画。

（3）分别在第5、10、15帧处按快捷键【F6】插入关键帧，第1帧删除"上""灯"、"塔"三个字，只保留"海"字，如图3-1-17所示。第5帧保留"海上"两个字，如图3-1-18所示。第10帧保留"海上灯"三个字，如图3-1-19所示。第15帧保留"海上灯塔"四个字，第40帧处按快捷键【F5】创建普通帧，如图3-1-20所示。按快捷键【Ctrl+Enter】预览影片，动画效果为四个字依次逐个出现。

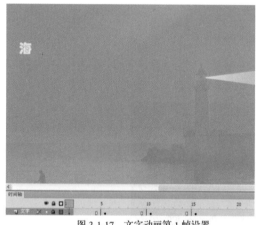

图3-1-17　文字动画第1帧设置

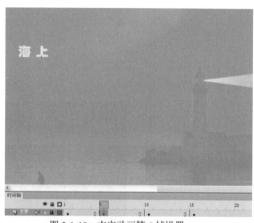

图3-1-18　文字动画第5帧设置

图3-1-19　文字动画第10帧设置

图3-1-20　文字动画第15帧设置

（4）新建图层命名为"光晕"，按快捷键【O】切换为圆形工具，绘制一个正圆，打开颜色面板，设置中间为白色，外圈为黄色并渐渐透明的径向渐变，按快捷键【K】切换为颜料桶工具，为圆形光晕填充渐变色，按快捷键【F】切换为渐变色调整工具，调整渐变色，如图3-1-21所示。

（5）按快捷键【Q】切换为任意变形工具，横向缩放光晕使之由圆形变为椭圆形，调整好光晕位置和大小，使之与"海"字对齐。

（6）选中光晕，按快捷键【F8】转换为影片剪辑元件，命名为"光晕动画"，双击光晕进入该元件层级编辑动画。在第5帧处按快捷键【F6】插入关键帧，创建第1帧～第5帧的传统补间动画，第1帧设置如图3-1-22所示。

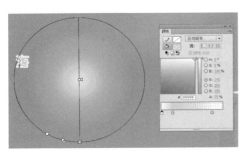

图 3-1-21　绘制光晕

图 3-1-22　光晕动画第 1 帧

（7）选中第 5 帧上的光晕，按快捷键【Ctrl+T】打开变形面板，将光晕等比例缩放至 10%，打开属性面板，设置"色彩效果"选项中"样式"的 Alpha 值为 0，第 5 帧设置如图 3-1-23 所示。

（8）返回"文字"元件层级，在"光晕"图层，分别在第 5 帧、第 10 帧、第 15 帧创建关键帧，调整"光晕动画"元件各实例的位置，使之分别与文字对齐，选中第 20 帧，按快捷键【F5】延长最后一个元件实例的显示时间，时间轴设置如图 3-1-24 所示。

图 3-1-23　光晕动画第 5 帧

图 3-1-24　时间轴设置

（9）按快捷键【Ctrl+Enter】预览动画效果，并进行微调。

5．好个海上美夜景，景伴乐现别具韵

（1）按快捷键【Ctrl+F8】新建影片剪辑元件，命名为"音乐"，按快捷键【Ctrl+R】导入音乐素材，从库中拖动音乐素材到舞台上，根据音乐时间长度创建普通帧播放音乐，时间轴及属性设置如图 3-1-25 所示。

（2）返回场景，新建图层命名为"音乐"，按快捷键【Ctrl+L】打开库，拖动"音乐"元件到场景中，如图 3-1-26 所示。

图 3-1-25　导入音乐

（3）按快捷键【Ctrl+Enter】测试影片。

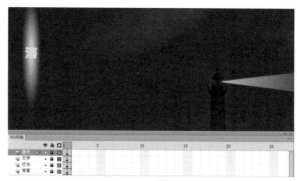

图 3-1-26　时间轴设置

知识解读

1．什么是补间动画

在制作 Flash 动画时，在两个关键帧中间需要做"补间动画"，才能实现图画的运动，插入补间动画后两个关键帧之间的过渡帧是由计算机自动运算得到的。Flash 动画制作的补间动画分两类，一类是形状补间，用于形状的动画；另一类是动画补间，用于图形及元件的动画，即形状补间动画与动画补间动画。

2．什么是动画补间动画

动画补间动画是指在 Flash 的时间帧面板上，在一个关键帧上放置元件，然后在另一个关键帧改变这个元件的大小、颜色、位置、透明度等，Flash 将自动根据二者之间帧的值补充中间动画。构成动画补间动画的元素是元件，包括影片剪辑、图形元件、按钮、文字、位图、组合等，但不能是形状，只有把形状组合（Ctrl+G）或者转换成元件后才可以做动画补间动画。

经验共享

1．构成动画补间动画的元素有哪些

构成动画补间动画的元素是元件，包括影片剪辑、图形元件、按钮等，除了元件，其他元

素包括文本都不能创建补间动画的，其他的位图、文本等都必须要转换成元件才行，只有把形状"组合"或者转换成"元件"后才可以做"动画补间动画"。

2．如何创建传统动画补间

传统补间动画需要两个关键帧，首先在第一个关键帧中制作内容，然后转化为元件，再在时间轴上按快捷键【F6】创建第二个关键帧，修改第二个关键帧中的元件位置等信息，最后在两个关键帧中间的任意一帧上右击，在弹出的快捷菜单中选择"创建传统补间"命令即可，时间轴呈淡蓝色并且显示长箭头，如果出现虚线，则表示该动画创建失败。

3．如何在 Flash CS4 及以上版本创建动画补间

Flash CS4 及以上版本使用基于对象的动画对个别动画属性实现全面控制，它将补间直接应用于对象而不是关键帧。补间动画不再是通过设置开始帧和结束帧设置动画，而是只需要设置开始帧即可。要正确创建动画补间，包括以下 4 个步骤：

（1）将需要做动画的元件置于关键帧中，如图 3-1-27 所示。

（2）在要创建补间的一层右击，在弹出的快捷菜单中选择"创建补间动画"命令，这时图层变成淡蓝色，如图 3-1-28 所示。

图 3-1-27　布置元件

图 3-1-28　创建补间动画

（3）观察时间轴，此时该图层已经具有补间动画，如图 3-1-29 所示。

图 3-1-29　时间轴

（4）选择第 24 帧，移动元件，即完成了方形由左到右运动的动画，如图 3-1-30 所示。

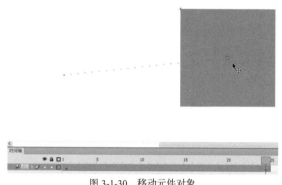

图 3-1-30　移动元件对象

拓展训练

在动画制作过程中，文字必不可少，包括标题文字、内容文字、字幕文字等，运用补间动画可以制作出各种形式的文字特效，文字动画千变万化、多彩多姿，以下是典型案例。

典型案例一：风吹字

文字动画效果为：文字散落一地，清风吹拂，文字随风而逝。

（1）新建 Flash 文档，大小为 800 px × 600 px。

（2）图层 1 重命名为"背景"，按快捷键【Ctrl+R】导入背景图片，按快捷键【Q】切换为任意变形工具，调整背景图片大小使之与舞台大小相当。在第 15 帧按快捷键【F5】创建关键帧，以延长画面停留时间，制作完毕锁定背景图层，如图 3-1-31 所示。

图 3-1-31　设置背景

（3）新建图层命名为"梦"，按快捷键【T】切换为文字工具，输入文本"梦"。调整好文字位置，打开属性面板，设置好字体、字号、样式、颜色等参数。

（4）选中文字，按快捷键【F8】将文字转化为图形元件，命名为"梦"。

（5）在场景时间轴上，在"梦"图层第 15 帧处按快捷键【F6】创建关键帧，创建第 1 帧～第 15 帧的传统补间动画，选中第 1 帧，将"梦"文字移动到场景左上角，按【Enter】键观察动画并进一步调整好位置。

（6）选中第 1 帧～第 15 帧之间的任意一帧，打开属性面板，设置"缓动"为 100，作用是让文字做减速运动。设置"旋转"为"顺时针"旋转一圈，如图 3-1-32 所示。

图 3-1-32　动画属性设置

（7）按快捷键【Ctrl+Enter】预览文字飞入的动画效果，并根据预览效果微调动画。

（8）新建图层命名为"久"，在第 5 帧处按快捷键【F6】创建关键帧，按快捷键【T】输入文字"久"，调整好文字位置，参数设置同"梦"。

（9）将文字"久"转化为图形元件命名为"久"，在场景时间轴上，在"久"图层第 20 帧处按快捷键【F6】创建关键帧，创建第 5 帧～第 20 帧的补间动画，选中第 5 帧，将"久"文字移动到场景左上角，选中第 5 帧～第 20 帧之间的任意一帧，打开属性面板，设置"缓动"为 100，设置"旋转"为"顺时针"旋转一圈，如图 3-1-33 所示。

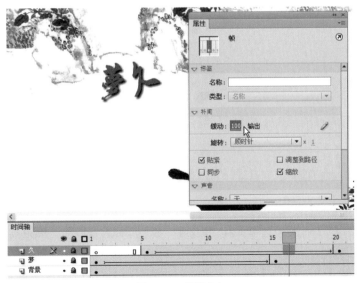

图 3-1-33　编排文字

（10）同理，制作其他文字动画，重复步骤 3、4、5、6、7，分别新建图层，依次制作"已""忘""身""是""蝶"文字的飞入动画，注意后一个文字飞入时间比前一个文字飞入时间延迟 5 帧，每个文字动画时长均为 15 帧，时间轴设置如图 3-1-34 所示。

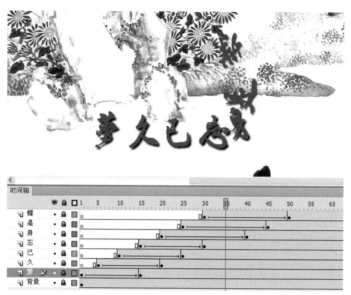

图 3-1-34　时间轴设置

（11）选中"梦"图层，创建第70帧～第80帧的补间动画。

（12）选中第80帧，按快捷键【Ctrl+T】打开变形面板，设置文字旋转20°，如图3-1-35所示。

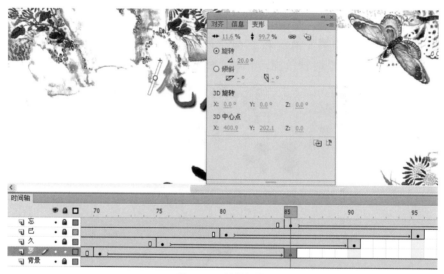

图 3-1-35　旋转设置

（13）按快捷键【V】切换为选择工具，将文字"梦"向右上方移动一段距离。打开属性面板，设置"Alpha"值为0。

（14）按快捷键【Ctrl+Enter】预览文字旋转并渐渐消失的动画效果，并根据预览效果微调动画，营造清风吹拂，文字散落的感觉。

（15）同理，制作其他文字被风吹散的动画。分别选择各个文字图层，重复步骤11、12、13、14，注意后一个文字消失时间比前一个文字消失时间延迟5帧，每个风吹文字动画时长均为15帧，时间轴设置如图3-1-36所示。

图 3-1-36　时间轴设置

（16）按快捷键【Ctrl+Enter】预览动画效果。

典型案例二：叠加字

文字动画效果为：逐个出现文字，在上一个文字即将飞走的同时出现下一个文字，最后所有文字并排为一行，关键步骤及画面效果如图 3-1-37～图 3-1-42 所示。

图 3-1-37　第 1 帧设置

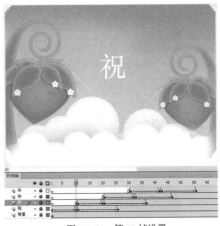

图 3-1-38　第 10 帧设置

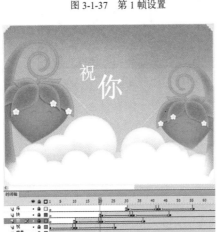

图 3-1-39　第 20 帧设置

图 3-1-40　第 30 帧设置

图 3-1-41　第 40 帧设置 　　　　　　　　图 3-1-42　第 55 帧设置

典型案例三：跳跃字

文字动画效果为：夜色如雾，完全把草坪染成了墨色，可爱的萤火虫闪闪发亮，金黄色的文字犹如其中一份子随之跳动，仿佛应和着音乐一般，文字动画与萤火虫动画相得益彰，关键画面效果如图 3-1-43 所示。

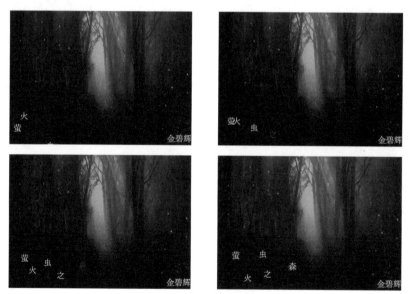

图 3-1-43　文字动画关键画面

任务二　那时烟雨

任务描述

使用 Flash 软件，运用补间动画技能，设计并制作动画"那时烟雨"，动画效果为：天色将晚雨漫天，游人渔者皆不见，如图 3-2-1 所示。

图 3-2-1　那时烟雨

在具体技术层面，运用补间动画技巧，制作单个雨丝运动的动画，然后制作小雨点落入水中荡起圈圈涟漪的动画，同时制作水花溅起的动画。在舞台上复制出多个单个下雨动画，将所有实例分为前层和后层，前层雨丝大而且密，后层雨丝小而且稀，通过设置各实例不同的起始帧数和透明度，营造逼真的下雨效果。

知识技能点

补间动画；动画补间动画；元件。

训练目标

（1）理解补间动画与传统补间动画的区别。

（2）能够熟练创建和编辑动画补间动画。

（3）通过画面设计和动画制作，审美能力得到进一步提升，沟通能力、制订方案和解决问题的能力进一步加强。

任务实施

1．天色将晚人不见，远方灯塔光渐现

（1）根据动画设计思想，使用 Photoshop 软件制作素材图片。

（2）新建 Flash 文档，大小为 550 px × 400 px，背景颜色为深蓝色。

（3）图层 1 重命名为"背景"，按快捷键【Ctrl+R】弹出导入命令对话框，选择村落背景图片，调整位置使之完全覆盖舞台，如图 3-2-2 所示。

2．雨落水中泛涟漪，花起花落花消散

（1）按快捷键【Ctrl+F8】建立新元件，命名为"下雨"，元件类型选择"影片剪辑"。

（2）图层 1 命名为"雨丝"，绘制一根白色斜线为雨丝，为线条填充白色渐渐透明的效果，在第 20 帧处按快捷键【F6】，创建第 1 帧～第 20 帧的补间动画，选中第 20 帧，将雨丝移动到左边斜下方。

图 3-2-2　设置背景图片

（3）按快捷键【Ctrl+F8】建立新元件，命名为"水圈"，绘制一个白色的圆环作为水圈，填充渐变色使之具有半透明效果，将水圈调整为合适的大小，如图 3-2-3 所示。

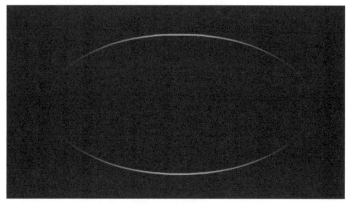

图 3-2-3　绘制水圈

（4）制作水圈由小到大，再由大到无的补间动画，第 1 帧设置如图 3-2-4 所示，第 10 帧设置如图 3-2-5 所示，第 20 帧设置如图 3-2-6 所示。

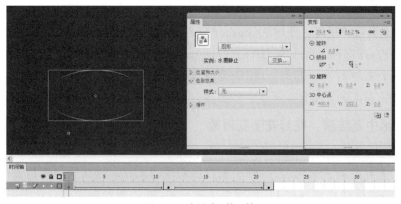

图 3-2-4　水圈动画第 1 帧

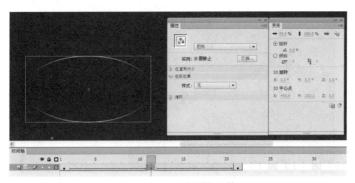

图 3-2-5　水圈动画第 10 帧

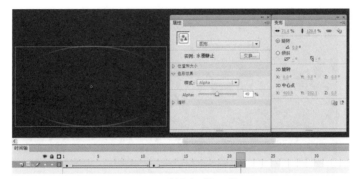

图 3-2-6　水圈动画第 20 帧

（5）打开库面板，双击"下雨"打开该元件，新建图层命名为"水圈"在第 20 帧处按快捷键【F6】，从库中拖动"水圈"元件至场景中，参照落下的雨丝调整至合适的位置，并在第 40 帧处按快捷键【F5】，如图 3-2-7 所示。

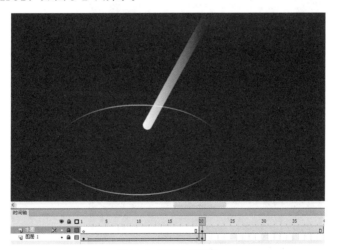

图 3-2-7　布置水圈元件

（6）新建图层命名为"水花"，绘制水花，填充渐变色使之具有半透明效果，按快捷键【F8】转换为元件，命名为"水花"，元件类型选择"影片剪辑"，效果如图 3-2-8 所示。

（7）分别在第 10 帧处按快捷键【F6】，第 20 帧处按快捷键【F6】，移动并变形水花，创建补间动画，第 1 帧、第 10 帧、第 20 帧画面效果分别如图 3-2-9 ～图 3-2-11 所示。

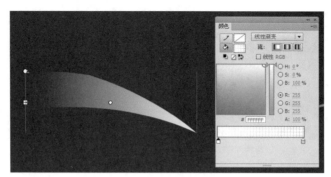

图 3-2-8　绘制水花

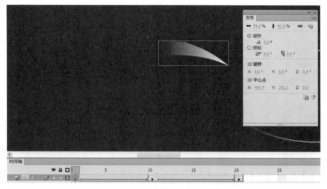

图 3-2-9　水花动画第 1 帧

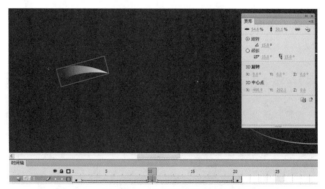

图 3-2-10　水花动画第 10 帧

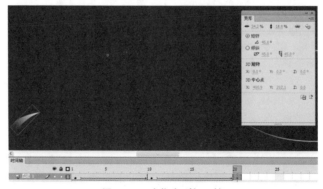

图 3-2-11　水花动画第 20 帧

（8）打开库面板，双击"下雨"打开该元件，新建图层命名为"水花"在第 20 帧处按快捷键【F6】，从库中拖动"水花"元件至场景中，参照落下的雨丝和溅起的水花调整至合适的位置，右侧的水花通过变形面板沿竖直方向镜像即可，如图 3-2-12 所示。

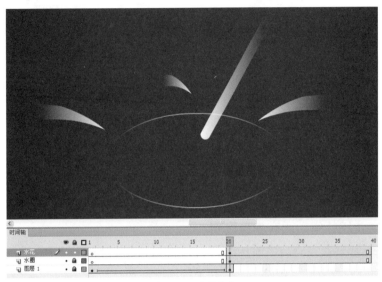

图 3-2-12　布置水花

3.那时烟雨今犹记，只叹美景终将去

（1）返回场景，新建图层命名为"后层雨"，打开库，拖动"下雨"元件至场景中，复制多个，调整好大小和位置，按快捷键【Ctrl+Enter】观察动画效果，可以看到一批雨丝同时落下，同时溅起水花，然后又一批雨丝整齐划一落下，整个动画呆板并且不能够连续下雨，如图 3-2-13 和图 3-2-14 所示。

图 3-2-13　雨丝动画效果

图 3-2-14　水圈水花动画效果

（2）打开属性面板，分别调整"下雨"图形元件各个实例"第一帧"起始数值，并调整 Alpha 值设置透明度，以获取小雨错落有致、随机落下的效果，如图 3-2-15 所示。

（3）新建图层命名为"前层雨"，同理，复制多个"下雨"元件实例，调整属性值，前层雨靠近视线，因而整体偏大并且紧密，后层雨远离视线，因而整体偏小并且稀疏，如图 3-2-16 所示。

图 3-2-15　设置属性

图 3-2-16　时间轴设置

（4）按快捷键【Ctrl+Alt+Enter】预览并微调动画。

知识解读

补间动画与传统补间动画有哪些区别

补间动画和传统补间动画的区别是在 Flash CS4 才出现的，传统补间动画的顺序是，先在时间轴上的不同时间点定好关键帧，之后在关键帧之间选择传统补间动画，这个动画是最简单的点对点平移，如果要制作曲线运动轨迹需要通过路径引导层实现。

传统补间动画是定头、定尾做动画，至少要有两个关键帧，而补间动画则是制作好元件后，不需要在时间轴的其他地方创建关键帧。直接在图层上选择补间动画，图层变成蓝色之后，在时间轴上选择需要加关键帧的地方，直接拖动元件就自动形成一个补间动画了。补间动画的路径可以直接显示在舞台上，并且是有调动手柄可以调整的。在 Flash CS5 中创建补间动画则是定头、做动画 (开始帧选中对应帧改变对象位置)。相比较而言，使用传统补间动画较多，它更容易控制和加载。

经验共享

如何在 Flash 中实现位图的矢量化

矢量图容量小，放大无失真，具有无可比拟的优点，很多软件都可以把位图转换为矢量图，在 Flash 中位图转换为矢量图主要有三种方法。

（1）打散：打散后的位图不再是真正意义上的位图，而变成了矢量图，只不过这个矢量图由成千上万的小色块组成，在显示上与一般的矢量图有所区别。

（2）位图填充：在绘制图形时，除了填充颜色，还可以使用位图进行填充，虽然未进行打散，但填入某图形中的位图已经自动"矢量化"了。

（3）位图矢量化：位图矢量化是将位图通过一定的方法和规则转换成矢量图形，尽管矢量图形在色彩层次的描述上比位图效果差，看起来单调一些，但是却有许多位图所不能拥有的优点，例如放大后不失真，边缘光滑清晰等。

选择"修改"→"位图"→"位图转化为矢量图"命令，在弹出的对话框中可以设置转化参数，其中"颜色阈值"和"最小区域"设置得越低，"角阈值"和"曲线拟合"设置得越加紧密（像素选项）、越多转角（平滑选项），得到的图形文件会越大，转换出的画面也越精细。

在制作动画过程中，除非必要不建议进行位图矢量化，原因是如果按照最精细设置进行矢量化，假设有十万个像素，将有十万条矢量描述语句，将会大大增加计算机运行负担，而且位图矢量化后那些极细小的矢量路径根本无法编辑。对于节点复杂的矢量图，按快捷键【Ctrl+Alt+Shift+C】进行优化，可以大幅降低图片容量。

 **拓展训练**

Flash 软件的属性面板是随着当前选定内容而变化的，巧用补间动画帧属性面板，可以制作各种动画效果，方便快捷。

典型案例一：光阴似箭

通过属性面板的"旋转"选项，可以制作时钟、风车转动等各种效果，如图 3-2-17 所示。

（1）新建 Flash 文档，按快捷键【Ctrl+F8】新建图形元件，命名为"时钟"，绘制除时针和分针之外的时钟画面，如图 3-2-18 所示。

图 3-2-17　光阴似箭　　　　　　　　　　图 3-2-18　绘制时钟图形元件

（2）回到场景，图层 1 命名为"时钟"，从库中将"时钟"图形元件拖到场景中，在第 120 帧处按快捷键【F5】创建普通帧，延长画面停留时间。

（3）新建图层命名为"时针"，绘制时针，转化为图形元件，调整好位置使之与时钟对应，使用任意变形工具修改元件的注册点使之位于针柄中心，如图 3-2-19 所示。

图 3-2-19　修改注册点

（4）在第 120 帧处按快捷键【F6】创建关键帧，创建第 1 帧～第 120 帧传统补间动画，选中补间动画任意一帧，属性面板设置顺时针旋转 1 次。

（5）同理，制作分针动画，设置分针顺时针旋转 12 圈。

典型案例二：荡秋千

通过属性面板的"缓动"选项，可以制作物体弹跳、汽车起步或刹车等各种非匀速运动效果，如图 3-2-20 所示。

（1）新建 Flash 文档，按快捷键【Ctrl+F8】创建图形元件，命名为"娃娃"，导入图片，新建图层绘制直线，修改位置和大小，如图 3-2-21 所示。

（2）在场景中，图层 1 命名为"图钉"，导入图钉图片，在第 80 帧处按快捷键【F5】创建普通帧，延长画面时间。

（3）新建图层命名为"娃娃"，从库中拖动"娃娃"元件到舞台上，切换为任意变形工具，将注册点移到直线顶端，如图 3-2-22 所示。

图 3-2-20　荡秋千　　　　　图 3-2-21　创建图形元件　　　　　图 3-2-22　修改注册点

（4）在第 20 帧处创建关键帧，创建补间动画，选中第 1 帧，打开变形面板，设置旋转 60°。在第 40 帧处创建关键帧，创建传统补间动画，选中第 40 帧，打开变形面板设置旋转 –60°。同样，第 60 帧处旋转 0°，第 80 帧处旋转 60°，如图 3-2-23 所示。

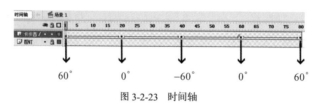

图 3-2-23　时间轴

（5）分别选中 4 段补间动画中的任意一帧，在属性面板"缓动"中设置各段动画的运动速度，如图 3-2-24 所示。

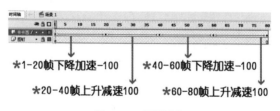

图 3-2-24　设置缓动

任务三 竹林听风

任务描述

使用 Flash 软件，综合运用所训练过的绘图技能，绘制竹竿和竹叶，四组竹叶形状和颜色稍有变化，为制作动画做准备，综合运用所训练过的补间动画制作技能，设计并制作动画"竹林听风"，动画效果为：竹林风，穿梭在阳光中，竹林风，回荡在空气中……如图 3-3-1 所示。

图 3-3-1　竹林听风

在具体技术层面，本任务利用制作好的竹节、竹叶元件完成 1 根竹子随风而动的动画，然后分图层复制竹子动画，并修改各实例的大小和透明度，使竹林更具层次感和纵深感，最后巧妙利用盖黑手段覆盖住不需要的工作区中的内容，只保留舞台上的画面，以方便观看动画。

知识技能点

补间动画；动画补间动画；形状补间动画。

训练目标

（1）能够熟练创建和编辑补间动画。

（2）能够熟练创建和编辑形状补间动画。

（3）通过画面设计和动画制作，审美能力得到进一步提升，沟通能力、制订方案和解决问题的能力进一步加强。

任务实施

1. 学以致用巧画竹，以假乱真为我用

（1）新建 Flash 文档，大小为 900 px × 600 px。

（2）图层 1 重命名为"背景"，按快捷键【Ctrl+R】导入调整好的背景图片，并调整图片位置使之与舞台相匹配。

（3）按快捷键【Ctrl+F8】新建图形元件，命名为"竹节"，综合运用各种绘图工具绘制 1 段竹节，填充渐变色，如图 3-3-2 所示。

（4）根据画面构图需要复制出几段竹节，并绘制几段静止的竹枝，注意竹节相邻处填充黑色线条营造立体效果，如图 3-3-3 所示。

图 3-3-2　绘制竹节

图 3-3-3　绘制竹枝

（5）按快捷键【Ctrl+F8】新建图形元件，命名为"1 片叶子"，绘制竹叶轮廓，填充渐变色，如图 3-3-4 所示。

（6）按快捷键【Ctrl+F8】新建图形元件，命名为"2 片叶子"，从库中拖动"1 片叶子"图形元件到舞台上，通过复制和变形设置 2 片叶子的位置和形状，如图 3-3-5 所示。

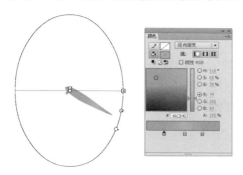

图 3-3-4　绘制竹叶

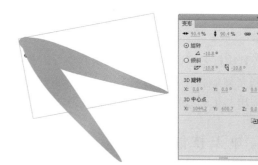

图 3-3-5　旋转竹叶

（7）打开属性面板，设置"色彩效果"选项中的"高级"设置，使底层叶子颜色较深，如图 3-3-6 所示。

（8）按快捷键【Ctrl+F8】新建图形元件，命名为"3 片叶子浅"，从库中拖动"1 片叶子"图形元件到舞台上，通过复制和变形设置 3 片叶子的大小、位置和形状，如图 3-3-7 ～图 3-3-9 所示。

图 3-3-6　设置颜色

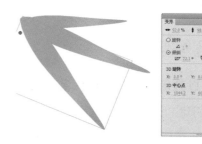

图 3-3-7　上层竹叶

（9）打开属性面板，分别设置"色彩效果"选项中的"高级"设置，使 3 片叶子颜色有深有浅，营造层次感，如图 3-3-10 ～图 3-3-12 所示。

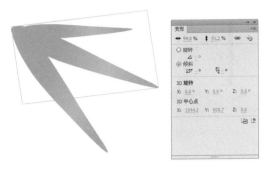

图 3-3-8　中层竹叶

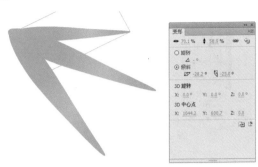

图 3-3-9　下层竹叶

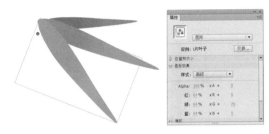

图 3-3-10　设置上层竹叶色调

图 3-3-11　设置中层竹叶色调

（10）按快捷键【Ctrl+F8】新建图形元件，命名为"3 片叶子深"，同理，通过变形和设置色调，制作 3 片叶子，总体色调较深，如图 3-3-13 所示。

图 3-3-12　设置下层竹叶色调

图 3-3-13　制作三片色调较深的竹叶

2. 风吹竹动欲出屏，不是真景胜真景

（1）按快捷键【Ctrl+F8】新建影片剪辑元件，命名为"竹子动画"，图层 1 重命名为"竹节"，从库中拖动"竹节"图形元件到舞台上。

（2）新建图层命名"竹枝"，绘制竹枝，按快捷键【F8】将竹枝图形为转换为元件，创建第 1 帧～第 20 帧、第 21 帧～第 40 帧的传统补间动画，制作竹枝随风摆动的效果，第 1 帧与第 40 帧画面相同，效果如图 3-3-14 所示，第 21 帧处通过变形面板将竹枝变形，效果如图 3-3-15 所示。

（3）从库中拖动"1 片叶子"图形元件到舞台上，打开属性面板，设置"色彩效果"选项中的"高级"设置。

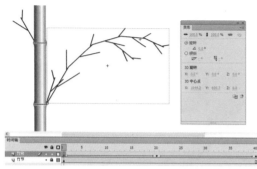

图 3-3-14 制作竹枝动画 1

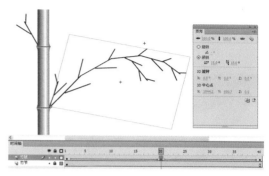

图 3-3-15 制作竹枝动画 2

（4）创建第 1 帧～第 20 帧、第 21 帧～第 40 帧的传统补间动画，第 1 帧与第 40 帧画面相同，效果如图 3-3-16 所示，第 21 帧处通过变形面板变形竹叶，制作 1 片竹叶随风而动的动画，第 21 帧处通过变形面板将竹枝变形，效果如图 3-3-17 所示。竹叶动画也可以通过形状补间动画制作，制作方法参见本任务的任务总结和拓展训练。

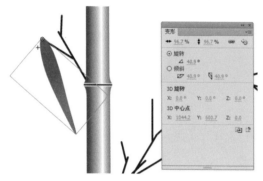

图 3-3-16 制作竹叶动画 1

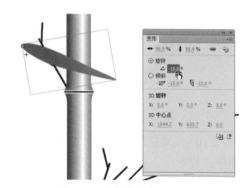

图 3-3-17 制作竹叶动画 2

（5）同理，分别制作 2 片叶子、3 片叶子动画，为使动画更自然逼真，制作几组不同的动画效果，并分别设置变形和色彩效果，注意各组竹叶的运动方向和步调一致，第 1 个关键帧画面如图 3-3-18 所示，第 2 个关键帧画面如图 3-3-19 所示。

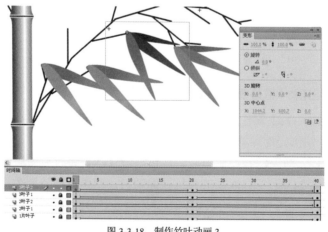

图 3-3-18 制作竹叶动画 3

（6）按快捷键【Ctrl+Enter】预览动画效果并进行微调，时间轴设置如图 3-3-20 所示。

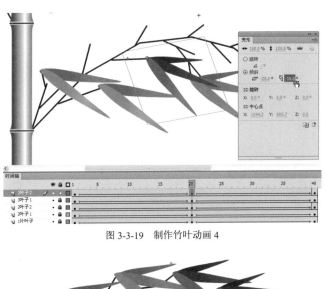

图 3-3-19　制作竹叶动画 4

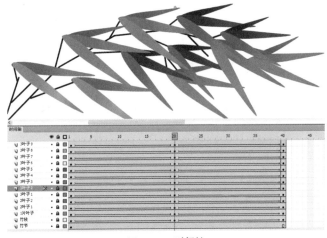

图 3-3-20　时间轴

（7）回到场景，新建图层命名为"竹子后"，从库中拖动"竹子动画"元件到舞台上，调整好大小和位置，分别设置 Alpha 值，降低透明度，使其作为处于后层的竹子，如图 3-3-21 所示。

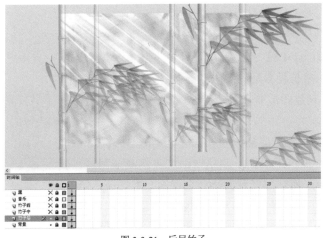

图 3-3-21　后层竹子

（8）新建图层命名为"竹子中"，从库中拖动"竹子动画"元件到舞台上，调整好大小和位置，并适当调整 Alpha 值，使其作为处于中间层的竹子，如图 3-3-22 所示。

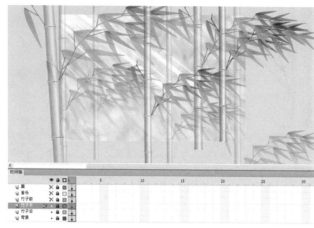

图 3-3-22　中间层竹子

（9）新建图层命名"竹子前"，从库中拖动"竹子动画"元件到舞台上，调整好大小和位置，使其作为处于前层的竹子，如图 3-3-23 所示。

图 3-3-23　前层竹子

3．竹林鸣乐风意闹，似有雅士从中来

（1）按快捷键【Ctrl+F8】新建影片剪辑元件，命名为"音乐"，导入已编辑好的《竹林风》歌曲片段，根据音乐时长设置足够的帧数，如图 3-3-24 所示。

（2）回到场景，新建图层命名为"音乐"，从库中拖动"音乐"元件到舞台上。

（3）新建图层命名为"盖黑"，使用放大镜将工作区尽可能地缩小到最小，绘制黑色矩形。绘制完毕锁定并隐藏该图层，新建图层，绘制白色矩形使之与舞台大小完全相同，剪切白色矩形，解锁并显示"盖黑"图层，将白色矩形复制到该图层中，观察画面，白色矩形已与黑色矩形合为一体，删除白色矩形，使黑色矩形中间镂空，以显露出舞台内容，如图 3-3-25 所示。

图 3-3-24　属性设置

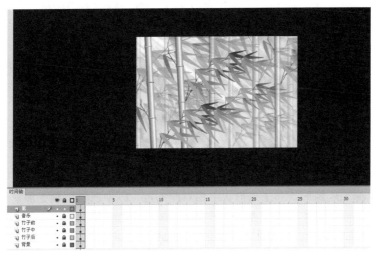

图 3-3-25　盖黑效果

（4）按快捷键【Ctrl+Enter】预览动画效果。

知识链接

1．什么是形状补间动画

　　形状补间动画是在 Flash 的时间轴面板上，在一个关键帧上绘制一个形状，然后更改该形状，或在另一个关键帧上绘制另一个形状，Flash 将内插中间帧的形状，创建一个形状变形为另一个形状的动画，它可以实现两个图形之间颜色、形状、大小、位置的相互变化。形状补间动画建立后，时间帧面板的背景色变为淡绿色，在起始帧和结束帧之间有一个长长的箭头。与动画补间不同，构成形状补间动画的元素需是形状，而不能是元件、按钮、文字等，元件、按钮、文字等必先打散（按快捷键【Ctrl+B】）后才可以做形状补间动画。

2．如何创建形状补间动画

　　以方形变为圆形为例，在时间轴的第 1 帧～第 20 帧之间创建补间形状。准备工作如下：在第 1 帧中，使用矩形工具绘制一个长方形，在第 20 帧按快捷键【F7】创建空白关键帧，使用椭圆工具在第 20 帧中绘制一个椭圆形，此时，该图层中第 1 帧的内容是蓝色长方形，第 20 帧的内容是绿色长圆形，如图 3-3-26 和图 3-3-27 所示。

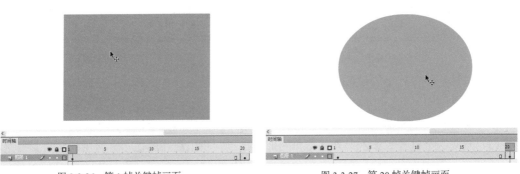

图 3-3-26　第 1 帧关键帧画面　　　　　　　图 3-3-27　第 20 帧关键帧画面

在时间轴上，单击选择第1帧～第20帧之间的任意一帧，右击鼠标，在弹出的快捷菜单中选择"补间形状"命令，Flash将形状内插到这两个关键帧之间的所有帧中。

要对形状进行动画补间，方法是在舞台上将第20帧中的形状移动到与第1帧中形状所处位置不同的位置。对形状的颜色进行补间，确保第1帧中的形状与第20帧中的形状具有不同的颜色即可。

经验共享

1．形状提示有什么作用

形状提示会标识起始形状和结束形状中相对应的点，以期能够控制更加复杂或罕见的形状变化，例如，要补间一张正在改变表情的脸部图画时，可以使用形状提示来标记每只眼睛，这样在形状发生变化时，脸部就不会乱成一团，每只眼睛还都可以辨认，并在转换过程中分别变化。

形状提示包含从a～z的字母，用于识别起始形状和结束形状中相对应的点。最多可以使用26个形状提示。起始关键帧中的形状提示是黄色的，结束关键帧中的形状提示是绿色的，当不在一条曲线上时为红色。

2．如何巧妙使用形状提示控制形状补间的变化

以四方形变化为五角形为例，首先创建第1帧～第20帧四方形变化为五角形的形状补间动画，注意绘制的过程中图形没有轮廓线，如果希望四方形的四个角其中三个角与五角形的三个角相同，可以使用添加形状提示来制作这段动画，具体方法步骤如下：

（1）选择补间形状序列中的第一个关键帧，选择"修改"→"形状"→"添加形状提示"命令，此时会自动添加一个起始形状提示，在该形状的某处显示为一个带有字母a的红色圆圈，如图3-3-28所示。

（2）使用选择工具，将该提示移动到要标记的点即四方形左上角，如图3-3-29所示。

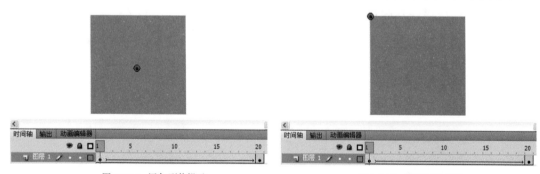

图 3-3-28　添加形状提示　　　　　　　　图 3-3-29　移动形状提示

（3）选择补间序列中的最后一个关键帧。结束形状提示会在该形状的某处显示为一个带有字母a的绿色圆圈，如图3-3-30所示。

（4）将形状提示移动到结束形状中与标记的第一点对应的点上，如图3-3-31所示。

（5）重复这个过程，添加另外两个角的形状提示，将出现新的提示，所用的字母紧接之前字母的顺序。在制作过程中，要显示形状提示，可选择"视图"→"显示形状提示"命令，要删除形状提示，将其拖放到舞台之外即可。

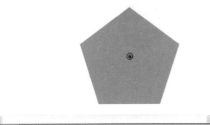

图 3-3-30　结束形状提示

图 3-3-31　移动形状提示

（6）预览动画，四角形的三个角被平移到了五角形的其中三个角处。

拓展训练

形状补间很好地弥补了动画补间的不足，尤其是在复杂的形状改变动画中能够制作出非常精美的效果，在动画制作过程中，注意综合运用两种补间动画。

典型案例：百年奥运

通过形状补间技术制作国画中卷轴的运动，以营造透视变形的效果，使动画更加逼真自然，如图 3-3-32 所示。

图 3-3-32　百年奥运

（1）新建 Flash 文档，修改场景大小为 800 px × 600 px。

（2）按快捷键【Ctrl+F8】创建影片剪辑元件，命名为"卷轴动画"，图层 1 重命名为"轴头"，使用矩形工具、椭圆工具等绘制卷轴头部，转换为图形元件，如图 3-3-33 所示。

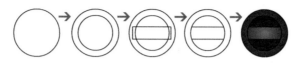

图 3-3-33　绘制卷轴头部

（3）新建图层命名为"轴身"，使用线条工具、椭圆工具等绘制卷轴轴身，填充渐变色，转换为图形元件，如图 3-3-34 所示。绘制完毕后将"轴身"图层移动到"轴头"上一层。

图 3-3-34　绘制卷轴轴身

（4）在"轴头"图层，创建第 1 帧～第 100 帧之间的传统补间动画，打开属性面板设置逆时针旋转 3 次，选中第 100 帧，将卷轴头水平向左移动一段距离，如图 3-3-35 所示。

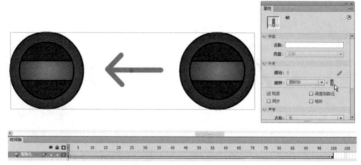

图 3-3-35　制作卷轴轴头动画

（5）在"轴身"图层的第 100 帧处创建关键帧，将卷轴筒向左移动，与第 100 帧的卷轴头冲齐，使用任意变形工具倾斜卷轴筒，修改完毕后创建第 1 帧～第 100 帧之间的形状补间动画，如图 3-3-36 所示。

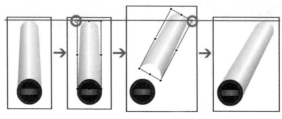

图 3-3-36　制作卷轴轴身动画

（6）新建图层，在第 100 帧处创建关键帧，右击在弹出的快捷菜单中选择动作，输入停止动作，作用是动画运行到该处后停止，代码为：stop();。

（7）新建影片剪辑元件，命名"卷轴画动画"，图层 1 重命名为"毛笔字"，按快捷键【Ctrl+R】导入毛笔字素材，转换为元件，打开属性面板，在"滤镜"中添加发光滤镜，如图 3-3-37 所示。

图 3-3-37　添加滤镜效果

（8）新建图层命名为"遮罩"，使用矩形工具绘制梯形遮罩，在第 100 帧处创建关键帧，放大梯形，使之完全覆盖住毛笔字，创建第 1 帧～第 100 帧的形状补间动画，右击遮罩图层，在弹出的快捷菜单中选择"遮罩"命令，如图 3-3-38 所示。

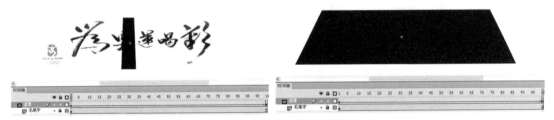

图 3-3-38　遮罩动画两个关键帧设置

（9）新建图层命名为"卷轴动画"，从库中拖动"卷轴动画"元件到舞台上，置于毛笔字中间，调整好大小和位置，复制卷轴，将右边卷轴的"垂直倾斜"角度设置为 180°，调整好两个卷轴使之对齐，得到两个左右对称的卷轴，如图 3-3-39 所示。

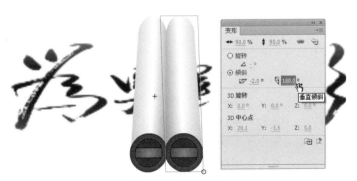

图 3-3-39　设置卷轴

（10）新建图层，在第 100 帧处创建关键帧，右击在弹出的快捷菜单中选择动作，输入停止动作，作用是动画运行到该处后停止，代码为：stop()，如图 3-3-40 所示。

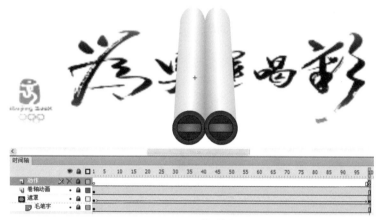

图 3-3-40　元件时间轴

（11）回到场景，图层 1 命名为"背景"，导入奥运场馆图片。新建图层命名为"动画"，将"卷轴画动画"元件拖动到舞台上，调整好大小和位置，并添加发光滤镜，如图 3-3-41 所示。

图 3-3-41　时间轴设置

📚 **思考与练习**

一、选择题

1．关于运动补间动画，说法正确的是（　　）。

　　A．运动补间动画是发生在不同元件的不同实例之间的

　　B．运动补间动画是发生在相同元件的不同实例之间的

　　C．运动补间动画是发生在打散后的相同元件的实例之间的

　　D．运动补间动画是发生在打散后的不同元件的实例之间的

2．Flash 有两种动画，即逐帧动画和补间动画，补间动画又分为（　　　）。

　　A．运动动画和引导动画　　　　　B．运动动画和形状动画

　　C．运动动画和遮罩动画　　　　　D．引导动画和形状动画

3．要实现一个小球的自由落体动画，应该设计最少（　　　）个关键帧。

　　A．1　　　　　　B．2　　　　　　C．3　　　　　　D．4

4．关于小球落地弹起的动画，下列说法正确的是：（　　　）

　　A．小球是元件　　　　　　　　　B．是动作补间动画

　　C．要用引导线动画　　　　　　　D．至少需要 3 个关键帧

5．关于为补间动画分布对象描述正确的是（　　　）。

　　A．用户可以快速将某一帧中的对象分布到各个独立的层中，从而为不同层中的对象创建补间动画

　　B．每个选中的对象都将被分布到单独的新层中，没有选中的对象也分布到各个独立的层中

　　C．没有选中的对象将被分布到单独的新层中，选中的对象则保持在原来位置

　　D．以上说法都错

6．制作形状补间动画，使用形状提示能获得最佳变形效果，下列说法正确的是（　　　）。

　　A．在复杂的变形动画中，不用创建一些中间形状，而仅仅使用开始和结束两个形状

　　B．确保形状提示的逻辑性

　　C．如果将形状提示按逆时针方向从形状的右上角位置开始，则变形效果将会更好

　　D．以上说法都错

7．在 Flash 中，要对字符设置形状补间，必须按（　　　）键将字符打散。

　　A．【Ctrl+J】　　　　　　　　　B．【Ctrl+O】

　　C．【Ctrl+B】　　　　　　　　　D．【Ctrl+S】

8．使用 Flash 制作补间动画的过程中，由软件自动生成的帧是（　　　）。

　　A．关键帧　　　　　　　　　　　B．空白帧

　　C．空白关键帧　　　　　　　　　D．过渡帧

9．Flash 中的形状补间动画和动作补间动画的区别是（　　　）。

　　A．两种动画很相似

　　B．在现实当中两种动画都不常用

　　C．形状补间动画比动作补间动画容易

　　D．形状补间动画只能对打散的物体进行制作，动作补间动画能为元件的实例制作动画

10．以下关于逐帧动画和补间动画的说法正确的是（　　　）。

　　A．两种动画模式都必须记录完整的各帧信息

　　B．前者必须记录各帧的完整记录，而后者不用

　　C．前者不必记录各帧的完整记录，而后者必须记录完整的各帧记录

　　D．以上说法均不对

二、填空题

1．在 Flash 中，补间动画分为 _____ 和 _____ 两种。

2．由 Flash 计算生成各关键帧之间的各个帧，使画面从一个关键帧过渡到另一个关键帧的动画称为 _____。

3．用 Flash 制作补间动画，开始画面和结束画面称为 _____，中间自动生成的过渡衔接画面称为 _____。

4．在 Flash 中，创建关键帧的快捷键是 _____，创建空关键帧的快捷键是 _____，创建普通帧的快捷键是 _____。

5．在图形元件属性面板的颜色下拉列表框中可以对图形元件的颜色进行设置，这里有 5 种选项，它们分别是"无"、_____、_____、_____ 和 _____。

三、问答题

1．什么叫补间动画？

2．简述动作补间动画和形状补间动画的区别。

项目四

制作公益广告

项目描述

Flash 公益广告目前是网络应用最多，最为优越，最为流行的网络广告形式。而且，很多电视公益广告也采用 Flash 进行设计制作，Flash 以独特的技术和特殊的艺术表现，给人们带来了特殊的视觉感受，本项目通过"海阔天空""你好地球"两个任务，主要训练遮罩动画和元件嵌套的能力，初步体会广告动画的创作过程与制作环节。

知识技能点

公益广告；遮罩；遮罩动画；元件嵌套。

训练目标

1. 能够综合使用之前所获得技能绘制图形和制作补间动画。
2. 能够理解遮罩的作用并能够熟练绘制遮罩，从而完成遮罩动画制作。
3. 初步体会广告动画的创作过程与制作环节。
4. 审美能力得到进一步提升。
5. 能够通过各种媒体资源搜索并处理素材。
6. 能够对训练项目举一反三，灵活运用。
7. 通过小组合作，沟通能力、制订方案和解决问题能力进一步加强。

考核方案

本项目采用教师评价、小组互评、自我评价相结合的方法，评价主体及考核方案详见项目一，本项目考核内容及指标如下表所示。

考核内容及指标

考核内容	权重	内容分解	分值	指　标
项目作品 （专业知识和技能）	0.7	操作规范	30	能够正确绘制遮罩。 能够熟练创建遮罩动画，运行无误
		动画制作	40	主题明确、立意新颖。 镜头运用合理。 画面简洁、构图美观。 动画流畅，配乐优美。 作品能够引起情感共鸣
		作品创意	20	能够在完成项目内容的基础上，增加自己的创意，主题新颖，构思巧妙，绘图美观，动画流畅
		作品数量	10	除按时完成规定项目训练外，能完成一定数量的强化训练项目
方法能力	0.15	制订方案	50	能够根据项目要求制订实施方案，工作过程逻辑明确
		问题解决	50	遇到困难时解决问题方式得当
社会能力	0.15	沟通能力	50	能够积极主动地与人交流，能够正确理解他人的发言并顺畅表达自己的观点
		团队精神	50	小组合作时具有团队协作精神，并对自己的工作任务具有责任感

任务一 海阔天空

任务描述

近年来，中国的公益广告发展迅速，公益广告的对社会的作用是巨大和长远的，它改变人们的道德观念、思想方法及人生观、价值观，已经成为提升公民综合素质的一种有效载体。本项目即是通过制作"海阔天空"公益广告，倡导人们爱护自然环境，动画效果为：蔚蓝的天空，波动的海水，自由翱翔的海鸥……警示人们"环境保护你我他，蓝天碧水伴大家"，如图 4-1-1 所示。

图 4-1-1　海阔天空

在具体技术层面，本任务通过制作百叶窗图形遮罩，利用遮罩动画形成碧波荡漾的海水动画效果，利用逐帧动画技术制作海鸥飞翔的动画。

知识技能点

遮罩；遮罩动画；引导层动画。

训练目标

（1）能够正确绘制遮罩。

（2）能够熟练完成遮罩动画制作。

（3）通过画面设计和动画制作，审美能力得到进一步提升，沟通能力、制订方案和解决问题的能力进一步加强。

任务实施

1．天之高广任鸟飞，海之辽阔凭鱼跃

（1）新建 Flash 文档，大小为 900 px × 645 px，背景为天蓝色。

（2）图层 1 重命名为"背景"，导入大海素材图片。

（3）新建图层命名为"海水"，将背景层的关键帧复制到该图层，按快捷键【Ctrl+B】打散图片，使用选择工具、橡皮擦工具、魔棒工具等擦除除海水以外的画面，仅保留海水部分，如图 4-1-2 所示。

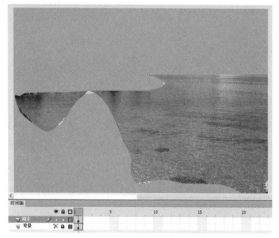

图 4-1-2　使用 Flash 抠图

要制作海水，还可以打开 Photoshop 软件，抠出海水画面，删除背景层，另存为 PNG 格式的透明背景图片，然后导入到 Flash 软件中，使用 Photoshop 软件抠图，海水的边缘会更加精确和流畅，如图 4-1-3 和图 4-1-4 所示。

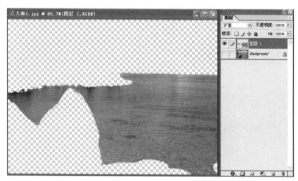

图 4-1-3　使用 Photoshop 抠图

图 4-1-4　导入素材

2．碧海蓝天巧法出，游鱼飞鸟任我绘

（1）将"海水"图层中的图片向右移动 10 像素，使之与底图的海水部分有一定错位。

（2）新建图层命名为"遮罩层"，绘制百叶窗，方法是先绘制一个矩形，然后复制，再粘贴到原位置，向右移动 5 像素，反复操作，使之覆盖住海水并比海水画面的宽度长出一部分，如图 4-1-5 所示。

图 4-1-5　绘制遮罩

（3）在背景和海水图层，在第 100 帧处创建普通帧，以延长画面停留时间。

（4）在"遮罩层"图层，创建第 1 帧～第 100 帧之间的传统补间动画，选中第 100 帧，将百叶窗移动至右边，注意百叶窗始终要能够完全覆盖住海水，如图 4-1-6 所示。

图 4-1-6　遮罩动画

（5）右击"遮罩层"图层，选择"遮罩"，预览动画效果，并进行微调，如图 4-1-7 所示。

3．鸥鸟自我手中成，假作真时真亦假

（1）创建新影片剪辑元件，命名为"海鸥逐帧 1"，制作海鸥飞翔逐帧动画，先制作 第 1 帧～第 7 帧的关键画面，第 8 帧～第 14 帧关键画面与第 1 帧到第 7 帧相同，第 20 帧关键画面与第 1 帧相同，各帧效果如图 4-1-8 ～图 4-1-14 所示。

图 4-1-7　制作遮罩动画

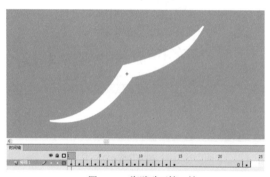

图 4-1-8　海鸥动画第 1 帧

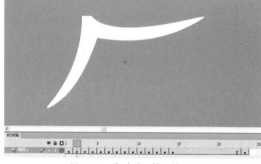

图 4-1-9　海鸥动画第 2 帧

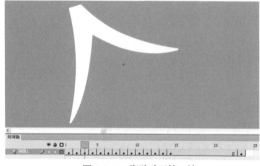

图 4-1-10　海鸥动画第 3 帧

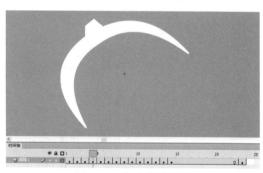

图 4-1-11　海鸥动画第 4 帧

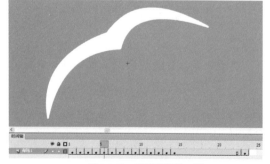

图 4-1-12　海鸥动画第 5 帧

图 4-1-13　海鸥动画第 6 帧

（2）创建新影片剪辑元件，命名为"海鸥逐帧2"，制作海鸥飞翔逐帧动画，第21帧到第25帧关键画面与第16帧到第20帧相同，分别如图4-1-15～图4-1-21所示。

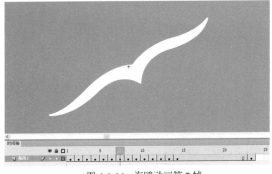

图4-1-14　海鸥动画第7帧

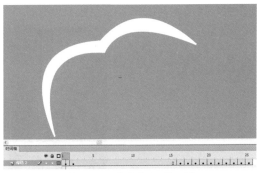

图4-1-15　海鸥动画2第1帧

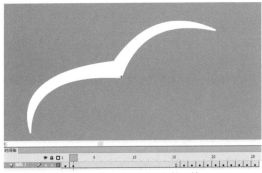

图4-1-16　海鸥动画2第2帧

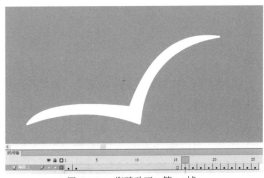

图4-1-17　海鸥动画2第16帧

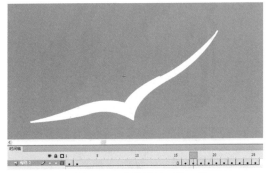

图4-1-18　海鸥动画2第17帧

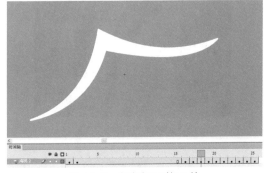

图4-1-19　海鸥动画2第18帧

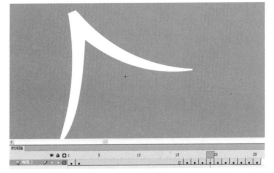

图4-1-20　海鸥动画2第19帧

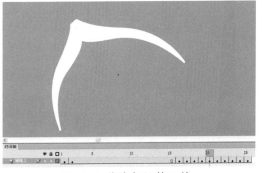

图4-1-21　海鸥动画2第20帧

（3）返回场景，新建图层，分别将两只海鸥飞翔的动画元件拖动到舞台上，调整好大小和位置，如图 4-1-22 所示。为了营造更生动的动画效果，可以利用海鸥飞翔的逐帧动画元件，制作引导层动画，制作方法参见项目五。

图 4-1-22　时间轴设置

（4）新建影片剪辑元件，命名为"海鸥鸣叫"，导入音乐。回到场景，新建图层，将"海鸥鸣叫"元件拖动到舞台上。

（5）新建图层，输入公益广告语。

同理，可以制作瀑布飞溅的效果，如图 4-1-23 ～图 4-1-26 所示。

图 4-1-23　瀑布遮罩动画 1

图 4-1-24　瀑布遮罩动画 2

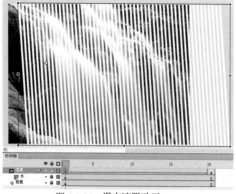

图 4-1-25　瀑布遮罩动画 3

图 4-1-26　瀑布遮罩动画 4

知识解读

1. 什么是遮罩动画

遮罩类似 Photoshop 中的蒙版，遮罩层中的对象决定其下一层即被遮罩层中的对象的显示区域。遮罩层中有对象的地方下一层的内容即显示，遮罩层中空白的地方下一层中的内容即隐藏。遮罩层中的内容可以是按钮、影片剪辑、图形、位图、文字等，但不能使用线条，在遮罩层和被遮罩层中均可设定补间或者逐帧动画。

2. 如何创建遮罩动画

分别制作好遮罩层和被遮罩层，右击遮罩层选择"遮罩"即可，遮罩形成后两个图层会自动被锁定，要成功制作遮罩动画，需要注意以下几点：

（1）遮罩需要两层实现，上层称遮罩层，下层称被遮罩层。

（2）遮罩结果显示的是两层叠加区域的被遮罩层内容。

（3）遮罩层中的图形对象在播放时是看不到的。

经验共享

1. 如何巧妙制作被遮罩层动画

在遮罩层和被遮罩层中均可制作动画，以制作七彩效果文字为例，制作被遮罩动画的基本思路如下：

（1）遮罩层输入白色文字，作为遮罩。

（2）被遮罩层绘制七彩矩形，作为被遮罩层。

（3）创建第 1 帧～第 30 帧的补间动画，第 1 帧七彩矩形底部与文字冲齐，第 30 帧七彩矩形顶部与文字冲齐，营造色彩流动的效果，如图 4-1-27 和图 4-1-28 所示。

图 4-1-27　遮罩动画第 1 帧

图 4-1-28　遮罩动画第 30 帧

（4）锁定遮罩层和被遮罩层，动画效果如图 4-1-29 所示。

图 4-1-29　遮罩动画效果

同理，可以制作横线运动的遮罩动画，如图 4-1-30 和图 4-1-31 所示。

图 4-1-30　遮罩动画第 1 帧

图 4-1-31　遮罩动画第 50 帧

2．如何优化 Flash 动画

Flash 动画常用于网络传播，如果动画文件较大，浏览者便会在不断等待中失去耐心，优化 Flash 动画可以使文件更小，播放更流畅，主要有以下几种方法：

（1）多使用元件：重复使用元件并不会使电影文件明显增大，因为动画文件只需储存一次数据。

（2）尽量使用补间动画，而少使用逐帧动画，关键帧使用得越多，文件就会越大。

（3）多用矢量图形，少用位图图像。多用构图简单的矢量图形，矢量图形越复杂，CPU运算起来就越费力，尽量少使用过渡填充颜色。可使用菜单命令"修改"→"曲线"→"优化"，将矢量图形中不必要的线条删除，从而减小文件体积。导入的位图图像文件尽可能小一些，并以 JPEG 方式压缩。

（4）音效文件最好以 MP3 方式压缩。限制字体和字体样式的数量，尽量不要将字体打散，字体打散后就变成图形了，会使文件体积增大。

 拓展训练

典型案例：拒绝窥视

动画效果为：夜幕中，灯光一圈一圈划过，人类的探照灯在虎视眈眈地搜寻野生动物……

（1）新建 Flash 文档，大小为 800 px×600 px，将背景颜色修改为黑色。

（2）创建新图形元件命名为"豹"，导入素材图片。

（3）回到场景，图层 1 重命名为"图片暗"，从库中拖动"豹"元件到舞台上，打开属性面板，将 Alpha 值修改为 30%，使其作为半透明底图，如图 4-1-32 所示。

图 4-1-32 制作半透明底图

（4）新建图层命名为"图片亮"，从库中拖动"豹"元件到舞台上，使其与"图片暗"完全对齐。

（5）创建新图形元件命名为"遮罩"，绘制白色灯光形状的遮罩，如图 4-1-33 所示。

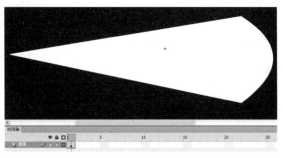

图 4-1-33 绘制遮罩

（6）回到场景，新建图层命名为"遮罩"，从库中拖动"遮罩"元件到舞台上，调整好大小，使用任意变形工具将元件注册点调整到最左端，如图 4-1-34 所示。

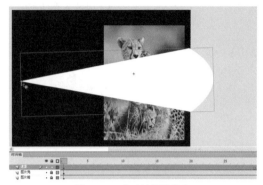

图 4-1-34　修改遮罩注册点

（7）右击"遮罩"图层选择"遮罩"，则"图片亮"图层自动变为被遮罩层，在"遮罩"层第 1 帧～第 30 帧间创建传统补间动画，分别选中第 1 帧和第 30 帧，旋转遮罩图形，画面效果如图 4-1-35 和图 4-1-36 所示。

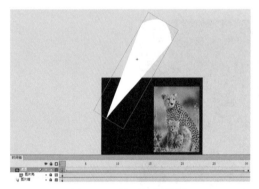

图 4-1-35　第 1 帧画面效果

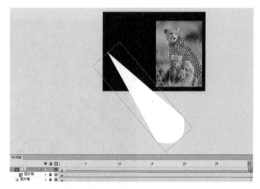

图 4-1-36　第 30 帧画面效果

（8）复制第 1 帧～第 60 帧，完成一个运动的循环。

（9）新建图层命名为"探照灯"，绘制探照灯。同理创建补间动画，旋转探照灯使之与遮罩图形步调一致，以营造遮罩层中的光是从探照灯中发出来的效果，画面效果如图 4-1-37 和图 4-1-38 所示。

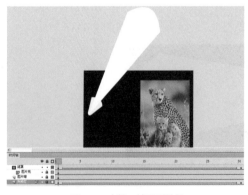

图 4-1-37　第 1 帧画面效果

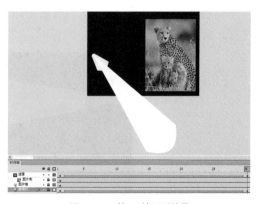

图 4-1-38　第 30 帧画面效果

同理，可以制作扫光文字，常用于网页动画，动画效果为：灰色文字，圆形灯光扫过的部分依次变成白色文字，如图 4-1-39 和图 4-1-40 所示。

图 4-1-39　扫光文字第 1 帧

图 4-1-40　扫光文字第 80 帧

任务二　你好地球

任务描述

人类对地球的毁坏日益严重，地球不属于人类，而人类属于地球，地球很大，但并非拥有用不完的水，砍不完的森林，我们的家园已经满目疮痍。本该任务通过安静唯美的画面，唤醒人们对地球的美好回忆，动画效果为：蔚蓝色的星球，静静地旋转……宁静无声的画面警醒、警示人们保护地球，就是保护人类自己，如图 4-2-1 所示。

图 4-2-1　你好地球

在具体技术层面，本任务制作了地图移动的元件，通过修改元件颜色，营造地图前面和背面的效果，使动画具有纵深感和层次感，通过圆形遮罩使地图动画显示为圆形轮廓，并与顶层绘制的地球相对应。

知识技能点

遮罩；遮罩层动画。

训练目标

（1）能够熟练完成遮罩动画制作。

（2）初步体会广告动画的创作过程与制作环节。

（3）通过画面设计和动画制作，审美能力得到进一步提升，沟通能力、制订方案和解决问题的能力进一步加强。

任务实施

1．妙招巧将地球取，其后为我之所用

（1）新建 Flash 文档，大小为 800 px × 600 px，背景颜色为深蓝色。

（2）新建图形元件命名为"地图"，导入地图素材图片，此时素材图片带有白底，如图 4-2-2 所示。

图 4-2-2　导入素材图片

（3）选中图片，按快捷键【Ctrl+B】将图片打散，综合使用魔棒工具、套索工具选择白色区域，按【Delete】键将白色区域删除，此时素材图片白底去掉，露出深蓝色舞台背景，如图 4-2-3 所示。

图 4-2-3　去除背景

（4）复制地图，如图 4-2-4 所示。

图 4-2-4　复制地图

（5）新建图形元件命名为"地球"，使用椭圆工具画一个圆，如图 4-2-5 所示。

（6）选中圆形，打开颜色面板，将笔触颜色更改为无色，将颜料桶类型更改为"径向渐变"，设置无色到深蓝色的渐变，并使用渐变色调整工具进行调整，如图 4-2-6 所示。

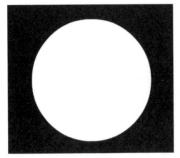

图 4-2-5　绘制圆形

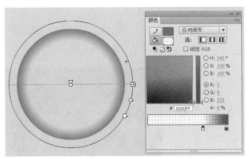

图 4-2-6　设置渐变色

2．小小地球屏上转，此景亦真又亦幻

（1）回到场景，图层 1 重命名为"蓝色球"，拖动地球元件到舞台上，在第 100 帧处创建普通帧，以延长画面停留时间。

（2）新建图层命名为"遮罩圆"，绘制一个圆形，其大小比"地球"实例稍小，对齐位置，使两者成为同心圆，在第 100 帧处创建普通帧，以延长画面停留时间，如图 4-2-7 所示。

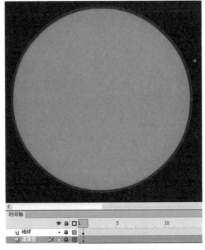

图 4-2-7　绘制圆形遮罩

（3）隐藏"遮罩圆"图层，新建图层命名为"蓝地球"，将其拖动到"遮罩圆"图层下方，从库中拖动"地图"元件到舞台上，使用任意变形工具调整大小，并移动至合适位置，如图 4-2-8 所示。

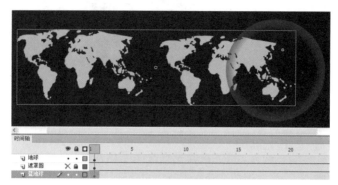

图 4-2-8　蓝色地图

（4）在"蓝地球"图层，创建第 1 帧~第 100 帧的传统补间动画，使蓝色地图在第 100 帧处移动至地球右侧，完成从左到右动画，如图 4-2-9 所示。

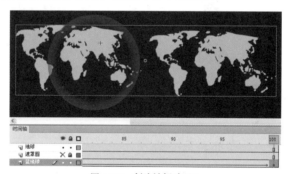

图 4-2-9　创建补间动画 1

（5）新建图层命名"白地球"，复制"蓝地球"实例，打开属性面板，在"色彩效果"下修改"色调"为白色。

（6）同理，制作"白地球"从右到左动画，使之与蓝色地图相对运动，如图 4-2-10 所示。

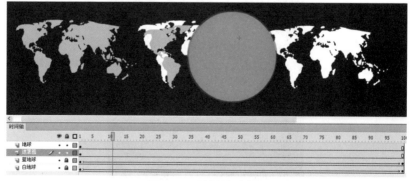

图 4-2-10　创建补间动画 2

（7）右击"遮罩圆"图层，选择"遮罩"，此时，蓝色地图成为被遮罩层，只显示遮罩圆形的部分，而白色地图依旧完全显示，如图 4-2-11 所示。

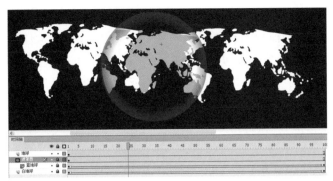

图 4-2-11　创建遮罩动画 1

（8）将"白地球"图层向上拖动，当图层相邻处出现一条粗黑线时松开鼠标，使之也成为遮罩圆形的被引导对象，此时蓝色地图和白色地图均只显示遮罩圆形的部分，如图 4-2-12 和图 4-2-13 所示。

图 4-2-12　创建遮罩动画 2

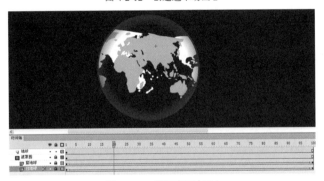

图 4-2-13　创建遮罩动画 3

同理，可以制作其他形式的地球旋转动画，还可以增加星空等其他补间动画，如图 4-2-14 所示。

图 4-2-14　旋转地球动画

 知识解读

1．什么是场景

场景一词为影视制作中的术语，将主要对象没有改变的一段动画制作成一个场景，模块化

组织和设计动画，便于分工协作和修改，尤其是较为复杂的动画一般要采取分场景制作的方法。在 Flash 中，场景就是动画播放的舞台，Flash 允许建立一个或多个场景，以此来扩充更多的舞台范围。如果动画时间很长，时间轴不够长，可以新建一个场景，还可以在场景里设置按钮来跳转到其他场景，这样就会大大方便动画的制作和修改。

2．如何操作场景

要打开场景面板，选择"窗口"→"其他面板"→"场景"命令，或者直接使用快捷键【Shfit+F2】。

（1）新建场景：在场景面板中，单击加号按钮，即可添加新的场景，或者选择"插入"→"场景"命令。

（2）删除场景：在场景面板中，单击回收站按钮，即可删除场景。

（3）复制场景：在新建场景按钮的前面，单击直接复制按钮，可以复制场景。

（4）调整场景顺序：在场景面板中，使用鼠标拖选任何一个场景，即可改变其顺序。

（5）切换场景：在场景面板中，双击场景名称，即切换到该场景进行操作。

经验共享

1．如何对 Flash 声音进行高级设置

在 Flash 软件中导入声音后，打开声音属性面板，"同步"菜单下各个项目的含义，如图 4-2-15 所示。

（1）事件：声音信息只有完全下载后才会开始播放，这种播放类型对于体积大的声音文件来说非常不利，因为在下载的过程中往往会造成停格的现象，所以在选用"事件"类型时，尽可能使用较短的声音文件。另外，当帧长度跟声音长度不同时，会有某一方先播完，而另一方还在播放中的现象。

（2）开始：将声音同步类型设成"开始"与设成"事件"的效果几乎是一样的，但是，"开始"类型并不需要帧数的支持，即便把一整首歌放到一帧时也可以全部播放。

（3）停止：终止声音播放，强行停止声音的播放。

（4）数据流：将声音信息平均分配在所需要的帧中，也就是说，它占据了多少帧，就播放多少帧。另外，它采用一边下载一边播放的方式，将下载后的少量信息立即播放，因而不太会发生停格的现象，音频与动画帧播放完全同步，帧结束，音乐结束，所以比较长的背景音乐通常会使用此同步类型。其缺点是有时会用跳帧来保持同步。

图 4-2-15 "同步"菜单选项

双击图库中声音符号的小喇叭图标即打开声音的属性面板，这里列出最终作品发布时音乐的设置，如图 4-2-16 所示。

在默认值的情况下，同是一首歌，WAV 和 MP3 在最后被输出时文件体积会相差很多而音质基本无变化。在制作过程中，为了程序响应速度和测试快捷，最好使用 MP3 格式，而在最后发布作品时，只要把音乐换为 WAV，就可以保证最后输出的文件不会过于巨大。

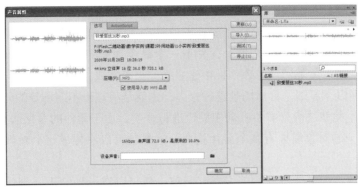

图 4-2-16　声音属性

Flash 主要有 ADPCM、MP3、Raw 三种压缩方式，如图 4-2-17 所示。对于比较长的音乐，MP3 压缩格式是比较理想的，可以在作品前期测试时使用低音质版本，而在作品最终发布时使用高音质版本。

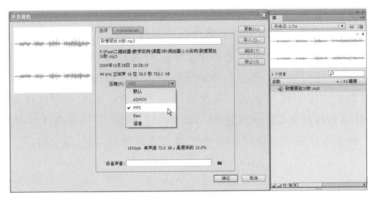

如图 4-2-17　压缩方式

2．动画制作过程中需要注意哪些问题

（1）场景处理。场景可以将影片分成一个个独立的影片片断，在正规动漫作品的制作中合理安排好场景同样至关重要，要叙述内容不相关的片断可分成不同的场景，这样使得影片结构清晰，当然，场景也不是越多越好。

一般可以遵循以下原则：根据内容块来区分，例如片头、片体和片尾等；根据情节发生地点来分，例如剧情环境分别是室内、剧场和郊外等；根据情节的变化来区分，例如表现两人分别经历相遇、相遇和相知的过程等。同样，每个场景都应当有一个易于理解的名字，一般可以根据片断的主要内容取名，例如"场景 1 开篇""场景 2 屋内对话""场景 3 堆雪人"等。

（2）图层安排。对于一个相对比较复杂的作品来讲，可能需要相当多的图层，如果不对图层进行合理的管理，那么整个影片的结构将会难以管理和修改。Flash 本身提供了强大的图层管理功能，只要运用得当，整个图层和时间轴结构将比较有条理。

一般可以遵循以下规律：为每个图层夹和图层取一个有意义的名字；按照结构对图层进行分类，将相关图层放入图层夹；图层使用应该保证结构简单和结构清晰，不要把不同内容轻易放置到同一图层。

（3）合理使用和管理库。在制作过程中为了让动画元素最大限度的重复利用，应该尽量把动画元素制作成元件。一个作品中可能会出现非常多的元件，包括三种基本形式的元件，还有位图、声音、视频以及字体等，同样需要合理的管理才能不至于使整个动画乱成一团糟，同场景和图层类似，首先同样应该为每个元件取一个易于理解的名字。除了命名以外，还需要对图库进行分类管理，就是通过在库面板中建立文件夹来完成。

一般可以遵循以下原则：根据场景进行分类。也就是将属于不同场景的元件分别放入不同文件夹；根据元件类型进行分类；根据相关性进行分类，由于元件的多层嵌套问题经常出现，也就是说一个复杂的对象需要有多个元件构成，这样就可以将构成这个对象的所有元件放入一个文件夹。

（4）命名问题。如果能一开始养成良好习惯，便可以在大型的正规制作与开发中节省很多时间和精力。从前面的讲述中，可以清晰的看到场景、图层和元件都对命名有要求。这是针对许多初学者乃至许多已经很有设计经验的人员同样忽视命名，例如经常看到诸如"123""aa""bb"的命名，如果作品比较小尚可接受，如果比较大或者需要多人合作的话，那么谁又能理解"aa""bb"是什么意思呢？

一般可以遵循以下原则：起一个有意义的名字是最基本要求，也就是名副其实，通过这个名字能大概知道内容，例如一个用于片头播放影片的按钮元件，可以命名为"开始按钮""b_start""anniu"等；命名规律一致性就是在作品中给对象的命名要遵循同样的规律，例如通常有人会在同一个作品中这样命名，把一个开始按钮命名为"kaishianniu"，而有人则命名为"开始按钮"；如果熟悉英文尽量用其命名，其次可以采用拼音，然后再考虑使用全中文命名；在命名前加上表示被命名对象类型的英文字母，例如加上前缀"s"；前缀和内容单词间使用下画线（_）相连接。例如表示室内剧情的场景按照命名规则就可以是"s_room"。

拓展训练

通过引导层动画，可以制作出很多优美的动画效果。

典型案例：国色天香

动画效果为：卷轴缓缓打开，出现一幅美轮美奂的牡丹图，象征着中华国粹的博大精深。

（1）新建 Flash 文档，大小为 500 px×700 px，将背景颜色修改为蓝色。

（2）创建新图形元件命名为"卷轴"，绘制卷轴，或者下载位图图片，处理成背景透明图像导入到舞台，如图 4-2-18 所示。

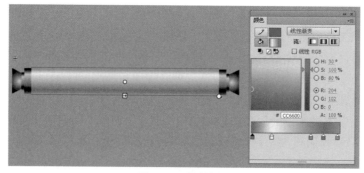

图 4-2-18 绘制卷轴

（3）创建新图形元件命名为"画"，图层1重命名为"画布"，绘制矩形画布，调整好大小和位置，图层2命名为"画"，导入牡丹国画素材，调整好大小和位置，如图4-2-19所示。

（4）回到场景，图层1重命名为"画"，从库中拖动"画"元件到舞台上，调整好大小和位置。新建图层命名为"上轴"，从库中拖动"卷轴"元件到舞台上，调整好大小和位置。新建图层命名为"下轴"，复制"卷轴"元件，调整好大小和位置，如图4-2-20所示。

图 4-2-19　制作画

图 4-2-20　增加画轴

（5）在"画"的上一层新建图层，命名为"遮罩"，绘制矩形并转换为元件，修改注册点到图形顶端，如图4-2-21所示。

图 4-2-21　绘制矩形遮罩

（6）创建第1帧～第25帧之间的传统补间动画，选中第25帧，缩放矩形元件，使其完全覆盖住国画，如图4-2-22所示。

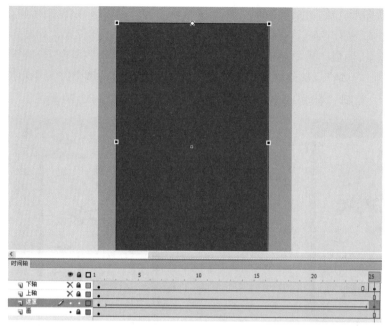

图 4-2-22　制作遮罩动画

（7）右击"遮罩"图层，选择"遮罩"，预览动画，效果为国画缓缓打开。

（8）在"下轴"图层，创建第 1 帧~第 25 帧之间的补间动画，选中第 25 帧，将卷轴竖直拖动到国画的下方。

（9）新建图层命名为"动作"，在第 25 帧处创建关键帧，右击该帧选择"动作"，输入停止脚本 stop()，如图 4-2-23 所示。

图 4-2-23　时间轴

（10）预览动画，微调遮罩关键帧位置或者卷轴位置，使卷轴与国画运动步调一致。

思考与练习

一、选择题

1．遮罩的制作必须要用两层才能完成，下面（　　）选项描述正确。

　　A．上面的层称之为遮罩层，下面的层称之为被遮罩层

　　B．上面的层称之为被遮罩层，下面的层称之为遮罩层

　　C．上下层都为遮罩层

　　D．以上答案都不对

2．制作带有颜色或透明度变化的遮罩动画应该如何操作（　　）？

　　A．改变被遮罩的层上对象的颜色或 Alpha 值

　　B．再作一个和遮罩层大小、位置、运动方式一样的层、在其上进行颜色或 Alpha 变化

　　C．直接改变遮罩颜色或 Alpha 值

　　D．以上答案都不对

3．下列对创建遮罩层的说法错误的是（　　）。

　　A．将现有的图层直接拖到遮罩层下面

　　B．在遮罩层下面的任何地方创建一个新图层

　　C．选择"修改"→"时间轴"→"图层属性"命令，然后在"图层属性"对话框中选择"被遮罩"

　　D．一个遮罩可以引导多个图层

4．在 Flash 中，"遮罩"可以有选择地显示部分区域。具体地说，它是（　　）。

　　A．反遮罩，只有被遮罩的位置才能显示

　　B．正遮罩，没有被遮罩的位置才能显示

　　C．自由遮罩，可以由用户进行设定正遮罩或反遮罩

5．在使用蒙板时，下面哪些可以是用来遮盖的对象（　　）。

　　A．填充的形状　　　　　　　　　B．文本对象

　　C．图形元件　　　　　　　　　　D．电影剪辑的实例

6．当 Flash 导出较短小的事件声音时，最适合的压缩选项是（　　）。

　　A．ADPCM 压缩选项　　　　　　B．MP3 压缩选项

　　C．Speech 压缩选项　　　　　　D．Raw 压缩选项

7．在 MP3 压缩对话框中的音质选项中，如果要将电影发布到 Web 站点上，则应选（　　）。

　　A．中　　　　　　　　　　　　　B．最佳

　　C．快速　　　　　　　　　　　　D．以上选项都可以

8．在制作 MTV 时，最好将音乐文件加入（　　）。

　　A．图片元件　　　　　　　　　　B．空白影片剪辑元件

　　C．按钮元件　　　　　　　　　　D．时间轴中

9．按照动画制作方法和生成原理，Flash 动画主要分为哪两大类（　　）？

A．动作补间动画和形状补间动画　　　B．逐帧动画和补间动画

C．引导层动画和遮罩层动画　　　　　D．可见层动画和不可见层动画

10．在 Flash 中，要对字符设置形状补间，必须按（　　）键将字符打散。

A．【Ctrl+J】　　　　　　　　　　　B．【Ctrl+O】

C．【Ctrl+B】　　　　　　　　　　　D．【Ctrl+S】

11．制作动画过程中，按快捷键【Ctrl+B】的作用是（　　）。

A．图像分离　　　　　　　　　　　　B．图像转换为元件

C．普通帧转换为关键帧　　　　　　　D．以上都不是

12．制作动画过程中，按快捷键【F8】可以将（　　）。

A．图像分离（打散）　　　　　　　　B．图像转换为元件

C．普通帧转换为关键帧　　　　　　　D．以上都不是

13．下面对将舞台上的整个动画移动到其他位置的操作说法错误的是（　　）。

A．首先要取消要移动层的锁定同时把不需要移动的层锁定

B．在移动整个动画到其他位置时，不需要单击时间轴上的编辑多个帧按钮

C．在移动整个动画到其他位置时，需要使绘图纸标记覆盖所有帧

D．在移动整个动画到其他位置时，对不需要移动的层可以隐藏

14．下列说法正确的是（　　）。

A．在制作动画时，背景层将位于时间轴的最底层

B．在制作动画时，背景层将位于时间轴的最高层

C．在制作动画时，背景层将位于时间轴的中间层

D．在制作动画时，背景层可以位于任何层

二、问答题

1．什么是遮罩动画？

2．简述创建和删除遮罩层的方法。

3．简述 Flash 动画的优化方法。

项目五

制作动漫短片

项目描述

使用 Flash 制作动漫短片极具表现力和创作性，是动画创作者展现自我的平台和表达自我的工具，也是创作者探索和创新的基础，为商业动画片的制作提供了重要的创意养分和灵感来源，本项目通过"折纸之恋""漫步人生"两个任务，训练引导层动画和元件嵌套的能力，初步体会动画片的创作过程与制作环节。

知识技能点

动漫短片；剧本；路径；引导层动画；元件。

训练目标

1. 能够熟练绘制路径制作引导层动画。
2. 能够设计主题编写动漫短片文字剧本。
3. 能够综合运用 Flash 动画技巧分场景完成动漫短片制作。
4. 熟悉动漫短片的创作过程与制作环节。
5. 审美能力得到进一步提升。
6. 能够通过各种媒体资源搜索并处理素材。
7. 能够对训练项目举一反三，灵活运用。
8. 通过小组合作，沟通能力、制订方案和解决问题能力进一步加强。

考核方案

本项目采用教师评价、小组互评、自我评价相结合的方法，评价主体及考核方案详见项目一，本项目考核内容及指标如下表所示。

考核内容及指标

考核内容	权重	内容分解	分值	指标
项目作品 （专业知识和技能）	0.7	操作规范	30	能够正确绘制路径。 能够熟练创建引导层动画，动作引导无误
		素材准备	10	素材准备齐全，能够综合利用互联网技术下载所需素材，能够根据项目需求正确处理素材
		动画制作	30	主题明确、立意新颖，情节设置合理。 画面简洁、构图美观。 动画流畅，配乐优美。 作品能够引起情感共鸣
		作品创意	20	能够在完成项目内容的基础上，增加自己的创意，构思巧妙，绘图美观，动画流畅
		作品数量	10	除按时完成规定项目训练外，能完成一定数量的拓展训练项目
方法能力	0.15	制订方案	50	能够根据项目要求制订实施方案，工作过程逻辑明确
		问题解决	50	遇到困难时解决问题方式得当
社会能力	0.15	沟通能力	50	能够积极主动地与人交流，能够正确理解他人的发言并顺畅表达自己的观点
		团队精神	50	小组合作时具有团队协作精神，并对自己的工作任务具有责任感

任务一 折纸之恋

任务描述

引导层动画是在制作 Flash 动画影片时经常应用的一种方式，使用引导层，可以使指定的元件沿引导层中的路径运动。本任务即是通过绘制纸飞机，运用引导层动画技巧实现纸飞机飞行的动画，制作小短片"折纸之恋"，动画效果为：乡野小村，纸飞机轻轻划过，纸飞机的爱情，你还记得吗？如图 5-1-1 所示。

图 5-1-1 折纸之恋

知识技能点

路径；引导层动画；动漫短片。

训练目标

（1）掌握路径绘制要求和技巧，能够熟练绘制路径。

（2）能够熟练创建引导层动画。

（3）初步理解和体会动漫短片的制作流程。

（4）通过画面设计和动画制作，审美能力得到进一步提升，沟通能力、制订方案和解决问题的能力进一步加强。

任务实施

1. 折纸之恋何处生，巧填村景众人明

（1）根据动画设计思想，制作素材图片。

（2）新建 Flash 文档，大小为 500px×550px，背景颜色设置为黑色。

（3）图层 1 重命名为"背景"，按快捷键【Ctrl+R】打开导入命令对话框，选择村落背景图片，调整位置使之完全覆盖舞台，如图 5-1-2 所示。

2．折纸飞机爱意满，空中轻掠巧传情

（1）按快捷键【Ctrl+F8】建立新元件，命名为"纸飞机"，使用线条工具绘制纸飞机，如图 5-1-3 所示。

图 5-1-2　导入背景图

图 5-1-3　绘制纸飞机

（2）回到场景，新建图层命名为"飞机"，拖动"纸飞机"元件到舞台中。

（3）右击"飞机"图层，在弹出的快捷菜单中选择"添加传统运动引导层"命令，在引导层中，使用线条工具为纸飞机绘制运动路径，如图 5-1-4 所示。

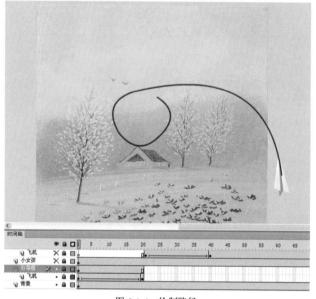

图 5-1-4　绘制路径

（4）在"飞机"图层，创建第 1 帧～第 20 帧的传统补间动画，设置第 1 帧飞机的位置在路径右侧，第 20 帧飞机的位置在路径左侧，注意飞机元件的注册点要吸附在路径上，打开属性面板，选中"调整到路径"复选框，同时调整第 1 帧和第 20 帧飞机的头部方向，使头部朝

向路径。预览动画，飞机沿着路径飞行，并根据路径形状自动转向，如图 5-1-5 所示。

（5）新建图层命名为"小女孩"，绘制小女孩图形，按快捷键【F8】转换为元件，命名为"小女孩"，制作小女孩走路的补间动画，如图 5-1-6 ～图 5-1-10 所示。

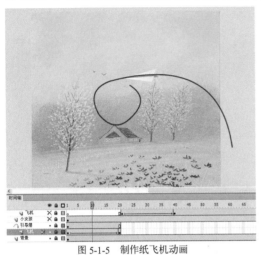

图 5-1-5　制作纸飞机动画

图 5-1-6　小女孩动画第 1 帧

图 5-1-7　小女孩动画第 10 帧

图 5-1-8　小女孩动画第 20 帧

图 5-1-9　小女孩动画第 30 帧

图 5-1-10　小女孩动画第 40 帧

（6）新建图层命名为"飞机"，拖动"纸飞机"元件到舞台上，为飞机添加引导层，在引导层中绘制路径，如图 5-1-11 所示。

（7）新建图层命名为"问号"，分别在第 40 帧、第 45 帧、第 50 帧创建关键帧，制作三个问号依次出现的逐帧动画，如图 5-1-12 所示。

图 5-1-11　制作纸飞机动画

图 5-1-12　制作逐动帧画

（8）新建图层命名为"文字"，输入文字"纸飞机的爱情，你还记得么？"，如图 5-1-13 所示。

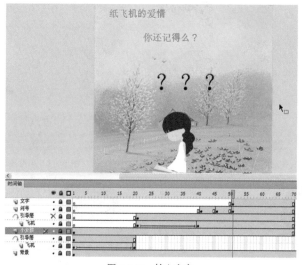

图 5-1-13　输入文字

3．折纸之恋触动心，辅以小文情意深

（1）新建图层命名为"怎能"，在第 70 帧和第 80 帧创建关键帧，制作文字逐帧动画。新建图层命名"不记得"，创建第 90 帧～第 110 帧的传统补间动画，使文字淡出，如图 5-1-14 所示。

（2）新建图层命名为"飞机"，为飞机添加引导层，同理制作飞机沿引导层路径飞行的动画，如图 5-1-15 所示。

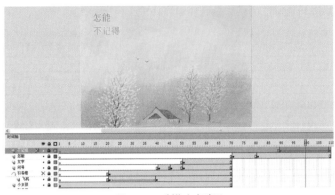

图 5-1-14　制作文字动画

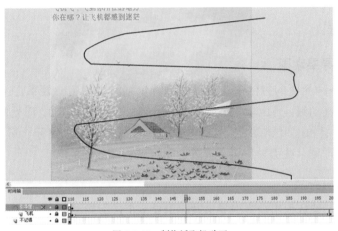

图 5-1-15　制作纸飞机动画

（3）新建图层命名为"飞机飞"，输入文字"飞机飞，飞到你所在的地方"，创建第 110 帧～第 130 帧的传统补间动画，使文字淡出。

（4）同理，新建图层命名为"你在哪"，输入文字"你在哪，让飞机都感到迷茫"，创建第 130 帧～第 150 帧传统补间动画，使文字淡出。

（5）依次制作其他文字动画，如图 5-1-16 所示。

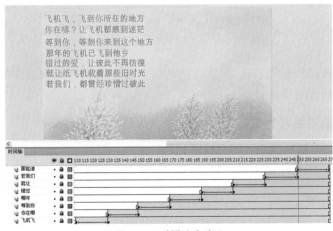

图 5-1-16　制作文字动画

（6）预览动画并进行微调，时间轴如图 5-1-17 所示。

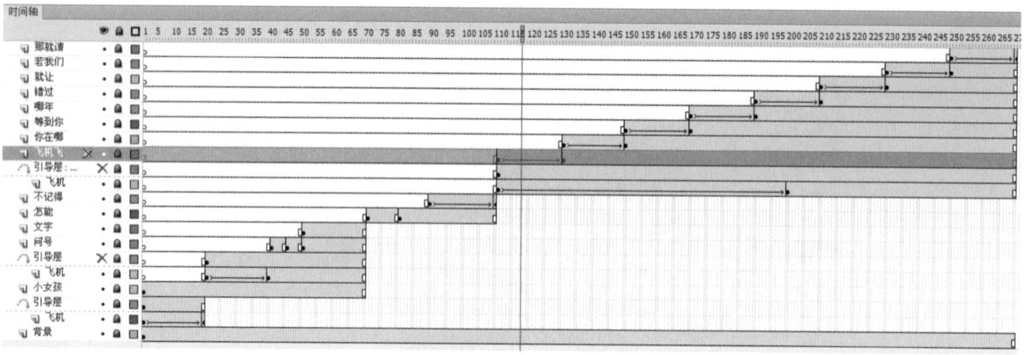

图 5-1-17　时间轴设置

知识解读

1．什么是引导层动画

Flash 提供了一种简便的方法来实现对象沿着复杂路径移动的效果，这就是引导层动画，引导层动画又称轨迹动画，可以实现树叶飘落、小鸟飞翔、星体运动、激光写字等效果的制作。引导层动画由引导层和被引导层组成，引导层用来放置对象运动路径，运动路径即引导线在最终生成动画时不可见，被引导层用来放置运动对象。

2．什么是多引导层

多层引导动画，就是利用一个引导层同时引导多个被引导层。要使引导层能够引导多个图层，可以将图层拖移到引导层下方，或通过更改图层属性的方法添加需要被引导的图层。

3．如何创建引导层动画

创建引导层动画主要有以下几种方法：

（1）在时间轴面板单击"添加引导层"按钮，在当前图层上增加一个运动引导层，则当前图层变成被引导层。

（2）右击图层名，在弹出的快捷菜单中选择"添加引导层"命令，即在当前图层上增加一个引导层。

（3）选择某个图层，选择"插入"→"时间轴"→"引导层"命令，即在当前图层上增加一个运动引导层。

（4）可以将普通层转变为引导层，方法是右击图层，在弹出的快捷菜单中选择"引导层"命令，拖动它下面的普通层到引导层下方。

4．如何使对象沿路径运动

要使元件能够沿着路径运动，在动画开始和结束的关键帧上，元件的注册点必须对准线段开始和结束的端点，否则无法引导，可以使用任意变形工具手动调整元件的注册点。

5．如何解除引导

要解除引导，可以把被引导层拖离"引导层"，或在图层区的引导层上右键，在弹出的快捷菜单中选择"属性"命令，在对话框中选择"一般"单选按钮作为图层类型，如图 5-1-18 所示。

图 5-1-18　解除引导

经验共享

1．绘制引导线有哪些技巧

（1）引导线不能是封闭曲线，必须要有起点和终点。

（2）起点和终点之间的线条必须是连续的，不能间断。

（3）引导线转折处不宜过急过多，否则运动对象无法准确判定运动路径，使引导动画失败，平滑圆润的线段有利于引导动画成功制作。

（4）引导线允许重叠，例如螺旋状引导线，但在重叠处的线段必需保持圆润，让 Flash 能辨认出线段走向，否则会使引导失败。

2．如何让元件注册点自动吸附到路径上

在制作引导路径动画时，在被引导层图层，制作动画后选择任意一帧，打开属性面板，选中"贴紧"复选框，可以使"对象附着于引导线"的操作更容易成功，如图 5-1-19 所示。

图 5-1-19　设置"贴紧"

3．如何使对象自动随着路径的转折而调整自身方向

通过属性面板的"调整到路径"复选框，可以实现运动对象自动随着路径的转折而调整自身方向，详细操作方法请参见本任务的拓展训练。

4．如何制作圆周运动

要想让对象做圆周运动，可以在"引导层"画个圆形线条，再用橡皮擦去一小段，使圆形线段出现 2 个端点，再把对象的起始、终点分别对准两个端点即可。

5．如何将 Flash 动画输出为 GIF、AVI 或 MOV 格式

将 Flash 动画输出为 GIF、AVI 或 MOV 格式时，经常发现许多动画信息都无故丢失，究其原因是 Flash 动画中应用了影片剪辑，根本的解决办法是动画中不要用影片剪辑，也不能使用交互功能。

拓展训练

典型案例一：早起的小虫

通过引导层动画的"调整到路径"设置，可以制作出对象随路径自动调整方向的动画。本案例动画效果为：春天来了，小虫早起在做运动，如图 5-1-20 所示。

图 5-1-20　早起的小虫

（1）新建 Flash 文档，大小为 550px×400px，导入背景素材图片，使之完全覆盖舞台，在第 50 帧处按快捷键【F5】创建普通帧以延长画面停留时间，锁定图层，如图 5-1-21 所示。

图 5-1-21　导入背景

（2）创建图形元件命名为"小虫"，综合使用各种绘图工具和色彩工具绘制小虫，如图 5-1-22 所示。

（3）新建图层命名为"小虫"，从库中拖动"小虫"元件到舞台上，创建第 1 帧～第 50 帧的传统补间动画，如图 5-1-23 所示。

（4）在"小虫"图层上右击，在弹出的快捷菜单中选择"添加传统运动引导层"命令，如图 5-1-24 所示。

图 5-1-22　绘制小虫

图 5-1-23 制作小虫动画

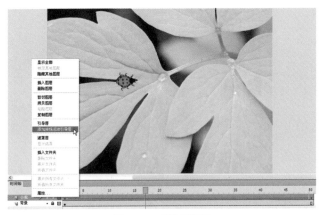

图 5-1-24 添加引导层

（5）使用线条工具，沿树叶轮廓绘制小虫的运动路径，注意路径绘制要符合引导层动画的要求，如图 5-1-25 所示。

图 5-1-25 绘制路径

（6）选择第 50 帧，移动小虫到运动路径的结尾，注意观察小虫元件的注册点必须吸附到路径上，如图 5-1-26 所示。

图 5-1-26　调整小虫动画

（7）预览动画，小虫的头部始终一个朝向，没有随之路径的转折而调头，动画看起来很生硬，如图 5-1-27 所示。

图 5-1-27　小虫动画效果

（8）打开属性面板，选中"调整到路径"复选框，同时调整第 1 帧和第 50 帧小虫的头部方向，使头部朝向路径。

（9）预览动画，效果如图 5-1-28 所示。

图 5-1-28　小虫动画效果

典型案例二：写大字

动画效果为：一只铅笔，一笔一划写大字，如图 5-1-29 所示。

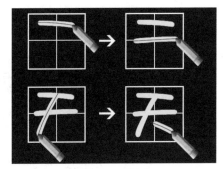

图 5-1-29　写大字

（1）新建 Flash 文档，大小为 600px×400px。

（2）图层 1 重命名为"字"，制作文字"天"的逐帧动画，如图 5-1-30 所示。

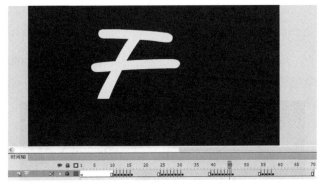

图 5-1-30　制作文字逐帧动画

（3）创建图形元件命名为"铅笔"，绘制铅笔，如图 5-1-31 所示。

（4）返回场景，新建图层命名为"1"，在第 11 帧创建关键帧，从库中拖动铅笔元件到舞台上。

（5）右击"1"图层添加引导层，在第 11 帧创建快捷键，沿文字第一个笔划绘制路径，如图 5-1-32 所示。

图 5-1-31　绘制铅笔

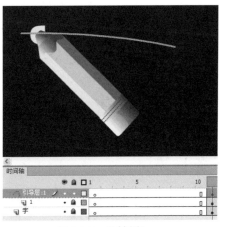

图 5-1-32　绘制路径

（6）回到"1"图层，创建第 11 帧～第 16 帧之间的传统补间动画，属性面板选中"调整到路径"复选框，不选"贴紧"复选框，作用是不强制铅笔元件的注册点在路径上。第 11 帧处调整铅笔笔尖位置在路径顶端附近，如图 5-1-33 所示，同理设置第 16 帧，调整铅笔笔尖位置在路径末端附近，如图 5-1-34 所示。

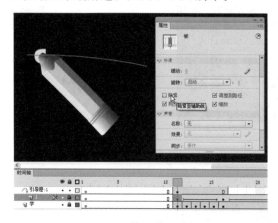

图 5-1-33　第 11 帧画面效果　　　　　　图 5-1-34　第 16 帧画面效果

（7）同理，制作剩下的笔划，分别创建引导层，引导线分别是文字的笔划。在每一个笔划结束时，创建补间动画使铅笔移动到下一笔划的开始处，如图 5-1-35 所示。

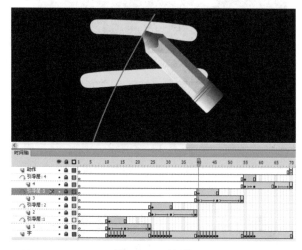

图 5-1-35　时间轴

任务二　漫步人生

任务描述

我们在面对人生困境时要保持乐观向上的心态，同时更需要百折不挠的勇气，尤其是刚刚毕业的大学生，面对强大的就业压力何去何从，本项目即是通过叙述一名刚刚毕业的大学生从迷茫受挫到战胜自我的过程，表达了积极乐观，从容漫步人生的主题思想，该作品荣获 2012 年度齐鲁软件大赛原创动画一等奖，整个动画流畅自然，生动有力，如图 5-2-1 所示。

图 5-2-1 漫步人生

 知识技能点

场景；元件；剧本；动漫短片。

训练目标

（1）能够设计主题编写动漫短片文字剧本。

（2）能够综合运用 Flash 动画技巧分场景完成动漫短片的制作。

（3）熟悉动漫短片的制作流程。

（4）通过画面设计和动画制作，审美能力得到进一步提升，沟通能力、制订方案和解决问题的能力进一步加强。

任务实施

1．编写剧本

剧本就是故事情节的来源之处，一个好的故事情节不如一个好的创意，以本次讲解的作品来说，在故事情节上非常简练，但创意却别具一格，既抓住了当今社会的焦点问题，又通过动画很好地传递出所要表达的意思，所以剧本的确定以及动画的整体质量和表达效果的好坏主要决定因素是动画的创意性和突然性，作品分镜头剧本如表 5-1-1 所示。

表 5-1-1　分镜头剧本

镜号	景别	技巧	时间	画面	备注
……	……	……	……	……	……
10	全	跟	3''	烈日炎炎下，昂首向前走	场景采用大色块，太阳特写
11	全	跟	4''	疾风骤雨中，蹒跚前进	场景转换采用移动背景的方式，人物动作随之变化
12	全	跟	3''	奋力爬上山坡	使用极度夸张的手法表现汗流浃背
……	……	……	……	……	……

2．人物设定

该短片在人物设定上采用线条白描的方式，简洁流畅，如图 5-2-2 所示。

图 5-2-2　人物设定

动画最常用的手法就是夸张表现法，用夸张的表情或者动作来达到更强烈的表达效果，夸张也要有适有度，不该夸张的地方一定不能画蛇添足，还是应该围绕动画整体的质感、整体的风格来进行夸张。例如人物从悬崖上掉下来时，眼镜以高调的形式脱离飞出去，身体和四肢严重变形，极度的夸张却又完全的符合人物的形象特征，如图 5-2-3 和图 5-2-4 所示。

图 5-2-3　人物动作

图 5-2-4　人物动作

3．场景设定

没有人喜欢在一个糟糕的背景下拍照，相反来说，拍照都喜欢找一个美丽亦或特殊的背景。以此来看动画在制作过程中，一个好的背景图片、一个符合故事情节的背景图片无疑成为了整部动画的关键所在。也不能完全理解成只要是好看的、有意境的、大家都喜欢的图片就是适合这部动画的图片，还必须把符合故事情节作为前提，作品包括单色背景和剧情背景。

单色背景往往应用于动画动作比较多时，因为动画动作本来就比较多，如果背景再过于复杂则动画就会显得杂乱，影响整体的效果，让人容易产生视觉疲劳感，如图 5-2-5 和图 5-2-6 所示。

图 5-2-5　单色背景

图 5-2-6　单色背景

剧情背景相对来说比较简单，可以根据人物的动作、表情、心态、和背景音乐来确定，图 5-2-7 中的人物此时正是乐观向上的心态、高兴的心情，所以表现的背景就符合人物此时的心情，与此同时又与人物的整体风格保持一致。而图 5-2-8 表达了一种坚强的心态。

图 5-2-7　剧情背景 1

图 5-2-8　剧情背景 2

4．分场景制作动画

作品时长 2 分 12 秒，共计 3640 帧，155 个元件，历时 3 个月完成，该作品主要包括两个场景，场景一讲述了大学毕业生初入社会，遭遇艰难险阻，场景二讲述了该有志青年积极乐观，迎难而上，从容漫步人生。

作品采用整体运动的表现方法，整体运动并不是所有东西都要跟动画一起动，而应该更准确地说成，让其配合动画有规律的运动，例如作品中的地面，当人物在走路时，地面这个不起眼的一条线段也会随着走动而上下左右有规律地运动，如果始终保持地面是一个死板的静止状态，则就很难达到现在的效果，如图 5-2-9 所示。

作品十分注重动画质感的表现，通过色彩华而不虚、背景简而不陋、动作多而不乱和最重要的创意感相结合，真正传递出动画的质感，动画要有质感，就要在色调、风格、场景、动作等方面同时下功夫才会有所成效，如图 5-2-10 所示。

图 5-2-9　整体运动

图 5-2-10　动画质感

作品中的颜色主要分为场景的颜色即背景图片的颜色，以及动态部分的上色。背景图片是相对于本身静止的，背景图片颜色的搭配必须为动态部分而服务，颜色过于不恰当的花哨会使动画失去自然的感觉。在讲解的这部动画中，颜色都统一为大色块，则整部动画都要以大色块为主，而正好满足动画本身风格的需要，换做其他风格的动画则就要慎重选择颜色加以运用，如图 5-2-11 和图 5-2-12 所示。

图 5-2-11　背景设计 1

图 5-2-12　背景设计 2

 知识解读

1．什么是动漫短片

使用 Flash 制作动漫短片，一般以个人表达为主，追求创新并具有强烈特色，极具表现力和创造性，为创作者提供了一个展示自我的平台。

制作动漫短片，首先要确定选题，主题思想是动漫短片的灵魂，然后编写剧本，一个好的剧本是动漫短片成功的前提，根据主题和剧本进行场景设定、角色设定、道具设定等，还可以绘制分镜，综合使用 Flash 软件的逐帧动画、动画补间、形状补间、引导层动画、遮罩动画、动作脚本完成动漫短片制作，并进行配音和添加音乐，最后输出为 SWF 格式的文件用于网上传播，也可以输出为 AVI、MOV 等视频格式。

2．如何编写动画剧本

动画剧本就是文字脚本，在文字脚本的编写中将要表达的故事情节以及要表现的情感表达出来，也相当于电影和电视剧中的编剧，一个优秀的剧本应该富有表现力，能吸引人的眼球。

（1）小说式写作：指把剧本写成小说，导演或者负责划分镜头的工作人员可以按照小说式剧本的内容来构造镜头。经典叙事性小说如《战争与和平》《基督山伯爵》等都可以说是一种小说式剧本。小说式剧本的缺陷在于描叙过于文学性，许多时间与空间概念比较含糊，镜头划分人员必须用大量的精力来筛选可用情节，并构想如何表达各个剧情场面。

（2）运镜式写作：相比小说式写作，运镜式剧本写作方法则是一种非常实用、具有完全分镜功能的文字剧本创作方式，运镜式剧本使用视觉特征强烈的文字表达方式，把各种时间、空间氛围用直观的视觉感受量词表现出来。运镜式剧本其实就是使用镜头语言来写作，用文字形式来划分镜头。

例如：要表达一个季节氛围，小说式剧本可以写成"秋天来了，天气开始凉了"。但是接下来分镜头创作者要如何根据这句话来描绘一个形容"秋天来了，天气凉了"的场景？分镜头创作者仍然要思考如何把季节和气候概念转化为视觉感受。"秋天来了，天气开始凉了。"有多种视觉表达方式，剧本可以写"树上的枫叶呈现出一片红色，人们穿上了长袖衣衫。"这是一个明确表达的视觉观感，也可以写"菊花正在盛开，旁边的室内温度计指向 10℃"，同样是一个明确表达"秋天来了，天气凉了。"的视觉印象。

用镜头语言进行写作，可以清晰地呈现出每个镜头的面貌。如果要表达一个人走向他的车子的情景，可以这么写："平视镜头，XX牌轿车位于画面中间稍微靠右，角色A从左边步行入镜，缓步走到车旁，站停，打开车门，弯腰钻入车内"。这就是一个明确的镜头语言表述。学会运用镜头语言来进行写作，对于一个Flash剧作者来说是必要的。

3．如何制作分镜头剧本

分镜头剧本包括以下内容：

（1）镜号：镜头的编号，为方便区别和管理而使用。

（2）景别：实际上就相当于根据观察对象的距离长短而区分出不同景别。在实际生活中，人们依照自己所处的位置和当时的心理需要，或远看取其势、或近看取其质、或扫视全局、或盯住一处、或看个轮廓、或明察细节。影视艺术正是为了满足人们这种心理上、视觉上的变化特点，才产生了镜头的不同景别。景别一般分为远景、全景、中景、近景、特写、大特写。

（3）技巧：在观看电视或电影时就明显能感觉到运动的画面，这就是由运动镜头拍摄的结果。那么在Flash制作动漫作品中该技巧是否同样有用而且重要呢？答案是肯定的，其实广义上讲，Flash形式的动漫作品也应该算作影视艺术范畴，所以Flash动画与传统的影视具有非常多的共性，显然，就可以使用传统影视的相关技术应用到Flash动漫作品中。所以下面介绍的镜头技巧都是针对Flash的，而Flash中都是通过动画形式来模拟这些镜头技巧的。

（4）时间：一个镜头的持续时间，通常在分镜头稿本中应该尽量精确将时间规定好。

（5）画面：当前镜头所表现的主要内容，这也是需要在Flash中制作的所有元素，例如绘制场景、绘制人物造型、文字处理等。

（6）歌词/对白：在制作故事情节较强的动漫作品时，可以考虑加入人物对白，就像一部真正的动画片一样。还有针对Flash MV来讲，歌词与画面的呼应也是至关重要的。

（7）备注：对该镜头的注意事项等进行备注。

经验共享

1．如何巧用引导层放置备注内容

引导层中的内容在播放时是看不见的，利用这一特点，可以单独定义一个不含"被引导层"的"引导层"，该引导层中可以放置一些文字说明、元件位置参考等。

2．Flash动漫短片制作有哪些常用镜头技巧

将电影的镜头艺术融入Flash动漫短片制作中，可以使动画更加出彩，而在动画制作过程中，也需要了解一些必要的电影摄影技巧，以及如何把它们运用到Flash动画制作中，借此优化动画的效果。

（1）推/拉镜头。推/拉镜头可以对画面进行大小的缩放，推镜头可以从全景渐渐切换到特写，以观察画面某个特定的部分，拉镜头则相反，可以从特写渐渐切换为全景，以向观众展示全部的景象。在Flash中，要使用推镜头，必须把舞台上的所有元素都以相同的速度放大，

要使用拉镜头，则必须缩小影像以显示完整的画面。

（2）摇镜头。使用摇镜头时，可以在场景中从一个方向移到另一个方向，可以是从左到右摇、从右到左摇、从上到下摇、从下到上摇。在舞台中移动场景的元素即可制作摇镜头效果，需要注意的是为了制造最佳的电影效果，距离镜头越近的物体移动速度越快。

（3）推移镜头。和摄影机调整焦距改变对某个物体的缩放程度不同，推移镜头是把握住摄影机，对某个拍摄的物体来回推移的过程。如果物体不是一个呆板的平面，尽量运用推移镜头而不是推 / 拉镜头体现，用这个镜头更有三维立体的感觉，能给动画片带来电影艺术的效果。在 Flash 中，要使用推移镜头，必须对某个片段中的所有元素采取不同速度的动画处理，离镜头越近移动速度越快。

（4）升降镜头。升降镜头是在摄影机上拍摄的，当升降机升起或降落时，摄影机集中在某一个物体上，或者在升降机运动的同时摇到场景中的另一块区域。在 flash 中，要使用升降镜头，需要创建一个扭曲的背景图片以适合镜头的运动，这样通过镜头观察时显得比较自然。

（5）倾斜镜头。倾斜镜头是摄影机被固定在一个地方，为了观察某一边的情况把摄影机倾斜一个角度，例如对象从一个大厅的一端走到另一端。在 flash 中，要使用倾斜镜头，需要更极端地绘制背景图像以营造透视效果。

（6）跟踪镜头。跟踪镜头是镜头锁定在某个文物体上，当这个物体移动时镜头也跟着移动，这个镜头模仿摄像机放置于移动摄影车上然后跟着角色的移动而推动的情景，在 Flash 中，要使用跟踪镜头，把被锁定的对象放置于舞台的中心不动，制作背景从一端移到另一端即可。

**拓展训练**

典型案例一：雪落无声

动画效果为：深冬的季节，静静的夜晚，雪花缓缓飘落，如图 5-2-13 所示。

图 5-2-13　雪落无声

（1）新建 Flash 文档，大小为 800px×600px，按快捷键【Ctrl+J】打开属性面板，修改场景背景为黑色。

（2）创建图形元件命名为"雪花"，绘制雪花。

（3）创建影片剪辑元件命名为"雪 1"，从库中拖动"雪花"图形元件到舞台上，添加引导层，在引导层中绘制一根细小的引导线，在"雪 1"图层，创建第 1 帧～第 60 帧的补间动画，使雪花沿着引导线的顶端运动到底端，如图 5-2-14 所示。

（4）在库中，右击"雪花 1"，在弹出的快捷菜单中选择"直接复制"命令，将复制出的新元件命名为"雪花 2"，修改路径，制作第 2 种运动状态的雪花。同理，再通过直接复制，命名为"雪花 3"，修改路径，制作第 3 种运动状态的雪花，如图 5-2-15 所示。

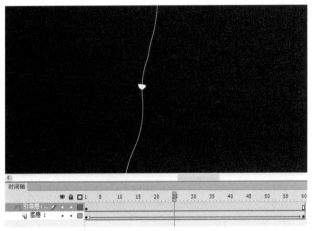

图 5-2-14 雪花动画

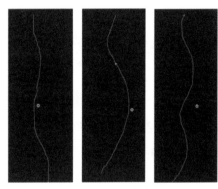

图 5-2-15 雪花动画

（5）回到场景，图层 1 重命名为"背景"，导入雪景图片，调整好大小和位置。

（6）新建图层，从库中拖放下雪元件，错落排放，如图 5-2-16 所示。

图 5-2-16 元件布置

（7）新建图层，在第 10 帧处创建关键帧，从库中拖动三个下雪元件到场景中，错落排放。再次新建图层，在第 20 帧处创建关键帧，从库中拖动三个下雪元件到场景中，错落排放，并在该帧输入停止动作 stop()，如图 5-2-17 所示。

图 5-2-17　时间轴

典型案例二　蝶舞迎春

动画效果为：倚窗听花语，帘戏窗前蝶，更添一湖水，已不是人间，如图 5-2-18 所示。

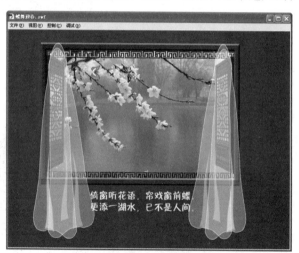

图 5-2-18　蝶舞迎春

（1）新建 Flash 文档，大小为 500 px × 350 px。图层 1 重命名为"背景"，按快捷键【Ctrl+R】打开导入命令对话框，选择村落背景图片，调整位置使之完全覆盖舞台。

（2）按快捷键【Ctrl+F8】建立影片剪辑元件，命名为"蝴蝶 1"，导入蝴蝶素材图片，制作蝴蝶翅膀扇动的动画，方法是创建补间动画，在中间帧通过变形面板将蝴蝶纵向挤扁，如图 5-2-19 和图 5-2-20 所示。

（3）同理，再次按快捷键【Ctrl+F8】建立影片剪辑元件，命名为"蝴蝶 2，导入蝴蝶素材图片，制作蝴蝶翅膀扇动的动画。

图 5-2-19　蝴蝶动画第 1 帧和第 10 帧　　　　　　　　　　图 5-2-20　蝴蝶动画第 5 帧

（4）回到场景，新建图层命名为"蝴蝶 1"，从库中拖动"蝴蝶 1"元件到舞台上，添加运动引导层，在引导层绘制好蝴蝶飞舞路径，如图 5-2-21 所示。

（5）在"蝴蝶 1"图层，创建第 1 帧～第 100 帧传统补间动画，使蝴蝶沿着运动路径由起点飞行到终点，打开属性面板，选中"调整到路径"复选框，使蝴蝶能够沿着路径自动转向。

（6）新建图层命名为"蝴蝶 2"，同理，从库中拖动"蝴蝶 2"元件到舞台上，添加运动引导层，并创建引导层动画，使蝴蝶沿着路径飞行，如图 5-2-22 所示。

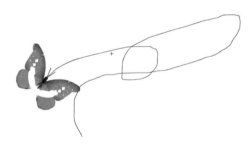

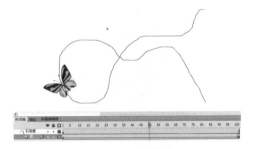

图 5-2-21　制作蝴蝶动画 1　　　　　　　　　　　　图 5-2-22　制作蝴蝶动画 2

（7）预览动画，微调两只蝴蝶引导层动画关键帧中蝴蝶所在的位置，如图 5-2-23 所示。

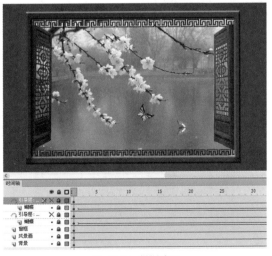

图 5-2-23　微调动画

（8）按快捷键【Ctrl+F8】建立新元件，命名为"窗帘"，元件类型选择"影片剪辑"，绘制半透明白色窗帘，制作窗帘随风飘动的形状补间动画，如图 5-2-24 ～图 5-2-26 所示。

（9）按快捷键【Ctrl+F8】建立新元件，命名为"多层窗帘"，从库中拖动"窗帘"元件到舞台上，复制多个，并调整大小和位置，如图 5-2-27 所示。

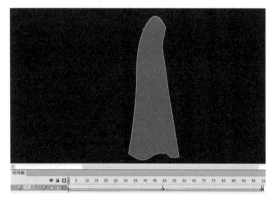

图 5-2-24　窗帘动画第 1 帧　　　　　　图 5-2-25　窗帘动画第 50 帧

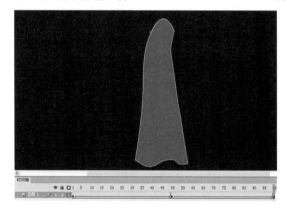

图 5-2-26　窗帘动画第 100 帧　　　　　　图 5-2-27　制作多层窗帘

（10）回到场景，新建图层命名为"窗帘"，从库中拖动"多层窗帘"元件到舞台上，置于窗户左侧，复制一个，通过变形面板进行水平翻转得到右侧窗帘，调整好窗帘的位置和大小。

（11）新建图层命名文字，输入文字，如图 5-2-28 所示。

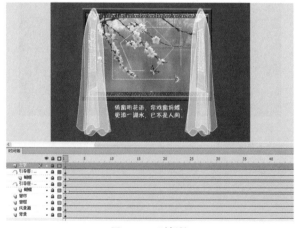

图 5-2-28　时间轴

思考与练习

一、选择题

1. 使五角星图形沿着蓝色曲线运动，蓝色曲线应设置在（　　）图层。
   A. 遮罩层　　　　B. 普通层　　　　　　　C. 路径层　　　　　　　　D. 引导层

2. 在对象沿着引导线移动时，必须（　　）。
   A. 中心点与引导线的两端点对齐重合　　B. 贴在引导线上
   C. 关闭引导层的显示　　　　　　　　　D. 执行添加引导线命令

3. 下列关于引导层说法正确的是（　　）。
   A. 为了在绘画时帮助对齐对象，可以创建引导层
   B. 可以将其他层上的对象与在引导层上创建的对象对齐
   C. 引导层不出现在发布的 SWF 文件中
   D. 引导层是用层名称左侧的辅助线图标表示的

4. Flash 动漫短片在 Internet 上广为流传是因为采用了（　　）技术。
   A. 矢量图形和流式播放　　　　　　　B. 音乐、动画、声效、交互
   C. 多图层混合　　　　　　　　　　　D. 多任务

5. 在 Flash 动画中，对于帧率正确的描述是（　　）。
   A. 每小时显示的帧数　　　　　　　　B. 每分钟显示的帧数
   C. 每秒显示的帧数　　　　　　　　　D. 以上都不是

6. Flash 影片帧频率最大可以设置到（　　）。
   A.99fps　　　　　　B.100fps　　　　　　C.120fps　　　　　　　D.150fps

7. 对于在网络上播放的动画，最合适的帧频率是（　　）。
   A.24fps　　　　　　B.12fps　　　　　　C.25fps　　　　　　　D.16fps

8. 下列关于工作区舞台的说法，不正确的是（　　）。
   A. 舞台是编辑动画的地方
   B. 影片生成发布后，观众看到的内容只局限于舞台上的内容
   C. 工作区和舞台上内容，影片发布后均可见
   D. 工作区是指舞台周围的区域

9. 关于帧命令的快捷键有（　　）。
   A.【F5】添加帧
   B.【F6】转换关键帧
   C.【Shift+F6】清除关键帧
   D.【F7】转换为空白关键帧

10. 在 Flash 动画制作中，Flash 动画的基本构成单元是（　　）。
    A. 帧　　　　　　　　　　　B. 库
    C. 层　　　　　　　　　　　D. 元件

11. 将舞台中的元件调整为红色，那么库中的元件会出现（　　）情况。
    A. 元件变为红色或蓝色

B. 元件不变色

C. 元件被打破，分成一组组单独的对象

D. 元件消失

12. 关于设置元件种类的正确描述是（　　）。

    A. 在"新建元件"对话框中，提前设置元件的种类

    B. 在"库"中选择元件，执行"属性"命令来更改元件的种类

    C. 在"转换元件"对话框中，改更元件种类

    D. 以上说法均正确

13. 以下关于使用元件优点的叙述，正确的是（　　）。

    A. 使用元件可以使发布文件的大小显著地缩减

    B. 使用元件可以使电影的播放更加流畅

    C. 使用元件可以使电影的编辑更加简单化

    D. 以上均是

14. 可以用来创建独立于时间轴播放的动画片段的元件类型是（　　）。

    A. 图形元件　　　　　　　　　　　B. 字体元件

    C. 电影剪辑　　　　　　　　　　　D. 按钮元件

15. 关于 Flash 动画的特点，以下说法正确的是（　　）。

    A. Flash 动画受网络资源的制约比较大，利用 Flash 制作的动画是矢量的

    B. Flash 动画已经没有崭新的视觉效果，比不上传统的动画轻易与灵巧

    C. 具有文件大、传输速度慢、播放采用流式技术的特点

    D. 鲜明、有趣的动画效果更能吸引观众的视野

二、问答题

1. 简述创建、删除引导层的方法。

2. 如何将运动对象精确地定位到路径上？

3. Flash 动画剧本有哪几种形式？

项目六

制作 Flash 小游戏

项目描述

Flash 不仅可以直接制作动画，也可以通过编程来制作动画，并且脚本功能强大，能够用于互动性、娱乐性、实用性开发。交互动画使观众能够参与和控制动画，本项目通过"公主换装""趣味拼图"两个任务，训练使用行为和动作制作交互动画的能力，初步体会编程的神奇功用。

知识技能点

交互；按钮；行为；动作。

训练目标

1. 能够正确创建按钮元件并灵活设置四个关键帧。
2. 能够使用动作面板添加脚本代码。
3. 审美能力得到进一步提升。
4. 能够通过各种媒体资源搜索并处理素材。
5. 能够对训练项目举一反三，灵活运用。
6. 通过小组合作，沟通能力、制订方案和解决问题能力进一步加强。

 考核方案

本项目采用教师评价、小组互评、自我评价相结合的方法，评价主体及考核方案详见项目一，该项目考核内容及指标如下表所示。

考核内容及指标

考核内容	权重	内容分解	分值	指标
项目作品 （专业知识和技能）	0.7	操作规范	30	能够熟练创建和设置按钮元件。 能够正确使用动作面板，添加和修改脚本代码，语法正确
		素材准备	10	素材准备齐全，能够综合利用互联网技术下载所需素材，能够根据项目需求正确处理素材
		游戏制作	30	画面简洁、构图美观。 导航清晰，交互性强。 脚本应用合理，运行无误
		作品创意	20	能够在完成项目内容的基础上，增加自己的创意，游戏构思巧妙
		作品数量	10	除按时完成规定项目训练外，能完成一定数量的拓展训练项目
方法能力	0.15	制订方案	50	能够根据项目要求制订实施方案，工作过程逻辑明确
		问题解决	50	遇到困难时解决问题方式得当
社会能力	0.15	沟通能力	50	能够积极主动地与人交流，能够正确理解他人的发言并顺畅表达自己的观点
		团队精神	50	小组合作时具有团队协作精神，并对自己的工作任务具有责任感

任务一 公主换装

任务描述

在交互动画中，动画播放时可以接受某种控制，观看者不再是被动地观看动画，而是能够参与其中，主动选择，例如使用鼠标或键盘对动画的播放进行控制。本项目即是运用了交互动画原理制作公主换装小游戏，动画效果为：每次点击魔法棒，都会为公主换一套服装，如图 6-1-1 所示。

图 6-1-1　公主换装

在具体技术层面，本任务使用同一人物不同着装的图片，利用图像处理软件去掉背景，制作成背景透明的素材图片；制作魔法棒按钮元件，当鼠标移到按钮上时出现发光效果，通过为按钮添加动作脚本，完成换装游戏。

知识技能点

交互；按钮；动作。

训练目标

（1）能够运用图像处理软件，去掉图片背景，制作背景透明的素材图片。

（2）能够正确设置按钮元件四个关键帧，完成交互动画制作。

（3）初步理解和体会动作的使用。

（4）通过画面设计和动画制作，审美能力得到进一步提升，沟通能力、制订方案和解决问题的能力进一步加强。

任务实施

1．听闻有这一公主，唯独喜爱易其服

（1）从网上下载各种素材图片，如图 6-1-2 所示。

图 6-1-2　素材图片

（2）打开 Photoshop 软件，将图片背景去掉，如图 6-1-3 所示。

图 6-1-3　去背景效果

（3）裁剪图片使 4 张图片长宽一致。

（4）分别将 4 张图片保存成背景透明的 PNG 格式文件，分别命名为"换装 1""换装 2""换装 3""换装 4"。

（5）下载魔法棒图片，同样去掉背景，保存成背景透明的 PNG 格式文件，命名为"魔法棒 1"，如图 6-1-4 所示。

（6）利用画笔工具、图层样式等为魔法棒添加发光效果，保存成背景透明的 PNG 格式文件，命名为"魔法棒 2"，如图 6-1-5 所示。

图 6-1-4　制作魔法棒

图 6-1-5　制作魔法棒

2．公主有这一魔棒，棒摇光现衣已变

（1）新建 Flash 文档，大小为 550 px×400 px。

（2）按快捷键【Ctrl+F8】新建按钮元件，命名为"按钮"。

（3）在"弹起"帧处，按快捷键【Ctrl+R】导入"魔法棒 1"素材图片，调整图片大小和位置，按快捷键【Ctrl+I】打开信息面板，记录下图片 X 和 Y 坐标值，如图 6-1-6 所示。

（4）在"指针"帧处，按快捷键【F7】创建空白关键帧，按快捷键【Ctrl+R】导入"魔法棒 2"素材图片，按快捷键【Ctrl+I】打开信息面板，输入"魔法棒 1"素材图片的 X 和 Y 坐标值，使两张图片大小和画面各部分所处的位置完全一致，如图 6-1-7 所示。

图 6-1-6 "弹起"效果　　　　　　　图 6-1-7 "指针"效果

（5）复制"弹起"帧处关键帧，在"按下"帧处粘贴关键帧，至此完成按钮效果，初始状态为"魔法棒 1"素材图片，当鼠标指向时为"魔法棒 2"素材图片，当鼠标单击时为"魔法棒 1"素材图片。

（6）复制"弹起"帧处关键帧，在"点击"帧处粘贴关键帧，使用矩形工具绘制矩形使之完全覆盖住魔法棒图片，至此，完成按钮起作用范围的绘制，如图 6-1-8 所示。

图 6-1-8 制作按钮

3．公主魔棒均已在，美衣百变随我心

（1）回到场景，图层 1 重命名为"背景"，按快捷键【Ctrl+R】导入制作好的背景图片，使之完全覆盖住舞台。

（2）新建图层命名"换装"，按快捷键【Ctrl+R】导入"换装 1"素材图片，调整好大小和位置，按快捷键【Ctrl+I】打开信息面板，记录下图片 X 和 Y 坐标值，如图 6-1-9 所示。

图 6-1-9　导入图片

（3）在第 2 帧处创建关键帧，按快捷键【Ctrl+R】导入"换装 2"素材图片，按快捷键【Ctrl+I】打开信息面板，输入"换装 1"素材图片的 X 和 Y 坐标值，使两张图片大小和画面各部分所处的位置完全一致。

（4）同理分别在第 3 帧和第 4 帧处创建关键帧，导入并排版"换装 3"素材图片和"换装 4"素材图片，如图 6-1-10 所示。

（5）新建图层命名为"按钮"，从库中拖动"按钮"元件到舞台上，调整好大小和位置，如图 6-1-11 所示。

图 6-1-10　导入图片

图 6-1-11　放置按钮

（6）选中按钮右击，在弹出的快捷菜单中选择"动作"，输入以下代码：

```
on (release) {gotoAndPlay(2);}
```

作用是当单击按钮时，跳转到第 2 帧播放，如图 6-1-12 所示。

（7）重复操作，第 2 帧上按钮的动作代码为：

```
on (release) {gotoAndPlay(3);}
```

图 6-1-12　添加动作

重复操作，第 3 帧上按钮的动作代码为：

```
on (release) {gotoAndPlay(4);}
```

重复操作，第 4 帧上按钮的动作代码为：

```
on (release) {gotoAndPlay(1);}
```

（8）新建图层命名为"文字"，在魔法棒旁边输入文字"请点击魔棒！"，转换为元件，自己添加滤镜效果。

（9）预览动画效果，4 张换装图片反复循环播放，新建图层命名为"动作"，在第 1 帧处右击，在弹出的快捷菜单中选择"动作"命令，输入停止动作，代码为：stop()，作用是在该帧处停止，不再继续向后播放，复制第 1 帧关键帧，分别粘贴到第 2 帧、第 3 帧、第 4 帧处，如图 6-1-13 所示。

图 6-1-13　时间轴

知识解读

1. 什么是交互动画

交互动画是指在动画作品播放时支持事件响应和交互功能的一种动画，也就是说，动画播放时可以接受某种控制，这种控制可以是动画播放者的某种操作，也可以是在动画制作时预先准备的操作，这种交互性提供了观众参与和控制动画播放内容的手段，使观众由被动接受变为主动选择。

Flash 使用 ActionScript 给动画添加交互性。在简单动画中，Flash 按顺序播放动画中的场景和帧，而在交互动画中，用户可以使用键盘或鼠标与动画交互。例如，可以单击动画中的按钮，然后跳转到动画的不同部分继续播放；可以移动动画中的对象；可以在表单中输入信息等等。使用 ActionScript 可以控制 Flash 动画中的对象，创建导航元素和交互元素，扩展 Flash 创作交互动画和网络应用的能力。

2．什么是动作

Flash 的动作脚本（ActionScript，AS）代码控制是 Flash 实现交互性的重要组成部分，最新版本是 AS 3.0，是一种完全的面向对象的编程语言，功能强大，类库丰富，语法类似 JavaScript，多用于互动性、娱乐性、实用性开发，网页制作和 RIA 应用程序开发。

3．认识动作面板

在 Flash 中，动作脚本的编写，都是在"动作"面板的编辑环境中进行，按快捷键【F9】可以调出"动作"面板，面板的编辑环境由左右两部分组成，左侧部分又分为上下两个窗口。

左侧的上方是一个"动作"工具箱，单击前面的图标展开每一个条目，可以显示出对应条目下的动作脚本语句元素，双击选中的语句即可将其添加到编辑窗口。

左侧下方是一个"脚本"导航器，里面列出了 Flash 文件中具有关联动作脚本的帧位置和对象，单击脚本导航器中的某一项目，与该项目相关联的脚本则会出现在"脚本"窗口中，并且场景上的播放头也将移到时间轴上的对应位置上，双击脚本导航器中的某一项，则该脚本会被固定。

右侧部分是"脚本"编辑窗口，这是添加代码的区域，可以直接在"脚本"编辑窗口中编辑动作、输入动作参数或删除动作，也可以双击"动作"工具箱中的某一项或"脚本"编辑窗口上方的"添加脚本"工具，向"脚本"编辑窗口添加动作，如图 6-1-14 所示。

在"脚本"编辑窗口的上面，有一排工具图标，用于编辑脚本，在使用"动作"面板时，可以随时单击"脚本"编辑窗口左侧的箭头按钮，以隐藏或展开左边的窗口。将左面的窗口隐藏可以使"动作"面板更加简洁，方便脚本的编辑，如图 6-1-15 所示。

图 6-1-14　动作面板界面

图 6-1-15　隐藏左面列表窗口

 经验共享

1.如何制作多彩按钮效果

按钮元件虽然只有 4 个关键帧，但是按钮元件中可以新建图层，关键帧中可以放置元件，元件中又可以嵌套元件，由此可以制作出绚丽多彩的按钮效果。通常在网上看到的很多韩国网站，按钮大都是使用 Flash 制作的，以"我的相册"按钮为例，当鼠标移动到按钮上时，文字变黄色，同时白色蝴蝶飞出，周围闪烁小星星，按钮元件关键帧设置如下：

（1）"弹起"关键帧：放置白色文字。

（2）"指针"关键帧：放置黄色文字。

（3）"按下"关键帧：放置白色文字。

（4）"点击"关键帧：放置矩形，大小以能够覆盖住文字为准。

在按钮元件中新建图层命名为"动画"，"弹起""按下""点击"关键帧处均为空白关键帧，"指针"关键帧处放置影片剪辑元件，元件内容为蝴蝶和星星动画，为了实现蝴蝶不断扇动翅膀，星星层出不穷的效果，将蝴蝶动画和星星动画分别制作成元件。

2．如何制作透明按钮

当一个动画需要很多按钮时，可以制作一个透明按钮反复使用，透明按钮可以随意修改大小，覆盖在任何位置，方便且实用，具体制作方法参见本任务的拓展训练。

3．如何巧用帧标签制作跳转效果

要使用按钮制作跳转效果，设置动作脚本时需要指定当触发按钮时动画跳转到某一帧，当该帧的位置移动时，指定帧的数值随即发生了变化，此时，可以为帧命名即设置帧标签，通过指定跳转的帧标签，在修改动画时就可了解该帧的位置，具体制作方法参见本任务的拓展训练。

拓展训练

随着因特网的发展，网站从刚刚开始简单的图文混排信息浏览已经发展到了今天的多媒体信息交互式浏览，不仅如此，网站上的 LOGO、导航、广告等，几乎每个页面都有 Flash 动画。Flash 的一大发展趋势就是网站应用，应用 Flash 技术进行网页设计并搭建网站，已经成为当下最为火热的交互式网站的搭建技术。

典型案例一：网页 Flash 导航

使用 Flash 软件制作网站首页，使用按钮制作网站导航，导航初始效果为灰色图片，如图 6-1-16 所示，当鼠标移动到按钮上时，变为彩色图片，并且由特写镜头变化为远景镜头，同时配以按钮声音，如图 6-1-17 所示。

图 6-1-16　导航初始效果

图 6-1-17　按钮动画效果

（1）下载 4 张图片，修改大小为 100 px×70 px，制作出四张彩色特写镜头图片，将图片转化为灰色后再制作出 4 张灰色远景镜头图片，大小与彩色图片相同，共计 8 张素材图片，如图 6-1-18 和图 6-1-19 所示。

图 6-1-18　彩色素材图片

图 6-1-19　灰色素材图片

（2）新建 Flash 文档，大小为 520 px×220 px。

（3）创建按钮元件，命名为"按钮"，制作一个透明按钮，"弹起""按下""指针"关键帧处均为空白关键帧，在"点击"关键帧处绘制一个矩形，如图 6-1-20 所示。

图 6-1-20　制作透明按钮

（4）回到场景，图层 1 重命名为"图片 1"，导入灰色素材图片 1，转换为影片剪辑元件，命名为"图片 1"。

（5）新建图层命名为"彩色"，第 2 帧处创建关键帧，导入彩色素材图片 1，制作彩色图片由完全透明的放大图变为原始大小显示，再由原始大小显示变为放大的透明大图的动画，如图 6-1-21 和图 6-2-22 所示。

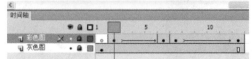

图 6-1-21　第 2 帧和第 12 帧画面

图 6-1-22　第 7 帧画面

（6）为了遮盖住透明大图比正常显示大出来的范围，为其添加遮罩，方法是：新建图层命名为"遮罩"，绘制色块大小和位置同正常显示的图片，然后右击图层，在弹出的快捷菜单中选择"遮罩"命令，如图 6-1-23 所示。

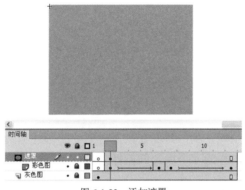

图 6-1-23　添加遮罩

（7）新建图层命名为"动物"，在图片右下方输入文字"动物"，制作 4 段动画，分别是红色字由右下方向下移动、白色字由上方向下移动到右下方、白色字向上移动并变透明、红色字由下方移动到图片右下方，如图 6-1-24 所示。

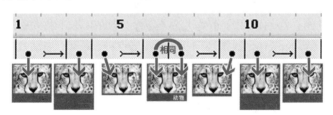

图 6-1-24　文字动画

（8）新建图层命名为"按钮"，从库中拖动"透明按钮"元件到舞台上，透明按钮以半透明蓝色显示，在发布时不显示，修改按钮大小，使之完全覆盖素材图片，如图 6-1-25 所示。

（9）新建图层命名为"声音"，导入声音，从库中将声音拖动到舞台上。新建图层命名为"动作"，在第 1 帧处右击，在弹出的快捷菜单中选择"动作"命令，输入停止动作脚本 stop()。

（10）在动作图层第 2 帧处创建关键帧，打开属性面板为该帧命名为"s1"，此时该帧上出现红旗标志，在第 6 帧处创建关键帧，右击并在弹出的快捷菜单中选择"动作"命令，输入停止动作脚本，在第 7 帧处创建关键帧，打开属性面板为该帧命名为"s2"，如图 6-1-26 所示。

（11）单击透明按钮，右击并在弹出的快捷菜单中选择"动作"命令，输入动作制作当鼠标移动到按钮上时播放彩色图片动画效果，当鼠标移开时恢复初始状态，代码如下：

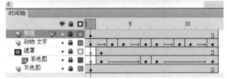

图 6-1-25　透明按钮

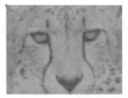

图 6-1-26　添加动作

```
on (rollOver) {
if (_root.link<>1) {this.gotoAndPlay("s1"); } }
on (releaseOutside, rollOut) {
if (_root.link<>1) {this.gotoAndPlay("s2"); } }
on (release) {
if (_root.link<>1)
    { _root["item"+_root.link].gotoAndPlay("s2"); _root.link = 1;}
    getURL("iframe_1.html", "cont"); _root.button = 1;}
```

（12）同理，重复以上步骤，制作其他 3 张素材图片的影片剪辑元件动画。

（13）回到场景，从库中拖动 4 个图片的元件到舞台上，排列好位置，输入标题文字。

任务二　趣味拼图

任务描述

　　在 Flash 中可以直观地做动画，也可以编写程序来做动画，二者相互结合。拼图游戏不仅可以帮助成人打发时间，还可以用于锻炼儿童脑力，帮助少儿开发大脑思维，该项目即是运用了 Flash 编程脚本 ActionScript 制作拼图小游戏，游戏效果为：拖动散乱的拼图小块，组合成一幅完整的图像，如图 6-2-1 所示。

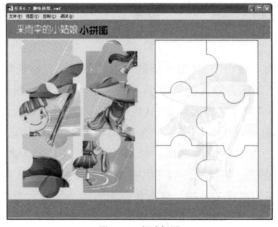

图 6-2-1　趣味拼图

在具体技术层面，该任务利用素材图片，使用图像处理软件制作成 6 张拼块，同时制作一张半透明素材图作为底图，在 Flash 软件中绘制出拼块轮廓与透明底图相对应，通过为 6 张拼块添加动作脚本，实现鼠标拖动功能。

知识技能点

交互；行为；动作。

训练目标

（1）能够运用图像处理软件，将一幅完整的图片按照要求处理成小块拼图。

（2）能够正确编写脚本代码，完成交互动画制作。

（3）进一步理解和体会动作的使用。

（4）通过画面设计和动画制作，审美能力得到进一步提升，沟通能力、制订方案和解决问题的能力进一步加强。

任务实施

1. 寻图再做些处理，半透底图已出形

（1）启动 Photoshop 软件，打开素材图片，如图 6-2-2 所示。

（2）裁剪图片，大小为 320 px × 480 px，如图 6-2-3 所示。

图 6-2-2　素材图片　　　　　　　　　　图 6-2-3　裁剪图片

（3）新建图层，利用标尺和参考线等分图片为 6 个方块，分别制作选区，填充黑色和白色，如图 6-2-4 所示。

（4）利用钢笔等工具，绘制拼块突出的不规则圆形部分，并复制，调整为黑色或白色，如图 6-2-5 所示。

图 6-2-4　等分图片　　　　　　　　　　图 6-2-5　制作拼块图形

（5）选中左上角拼块选区，切换到素材图片图层，按快捷键【Ctrl+J】快捷键，将选区中的内容复制到新图层，隐藏其他图层，根据拼块大小裁剪图片，保存为 PNG 图片，如图 6-2-6 所示。

（6）同理，制作其他拼块，分别保存为 PNG 图片，如图 6-2-7 所示。

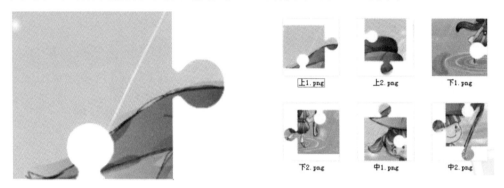

图 6-2-6 制作拼块

上1.png　　上2.png　　下1.png

下2.png　　中1.png　　中2.png

图 6-2-7 制作拼块

（7）修改素材图片图层不透明度，使之变为半透明效果，作为拼图底图，如图 6-2-8 所示。

2. 雨落人喜叶遮头，年轻无忧一孩童

（1）新建 Flash 文档，大小为 820 px×600 px。

（2）按快捷键【Ctrl+F8】新建图形元件，命名为"背景"。

（3）导入素材图片，打开标尺，按照相同比例，用标尺线把图片分成 6 份，如图 6-2-9 所示。

（4）选择线条工具，并单击贴近至对象，根据参考线，绘制线条，然后清除参考线，如图 6-2-10 所示。

（5）新建图层，使用椭圆工具绘制一个空心的圆，并进行复制、粘贴，效果如图 6-2-11 所示。

（6）选中所有圆，剪切，切换到线条图层，选择"编辑"→"粘贴到当前位置"命令或者使用快捷键【Ctrl+Shift+V】，删除不需要的线条，如图 6-2-12 所示。

图 6-2-8 制作底图

图 6-2-9 等分图片

图 6-2-10 绘制线条

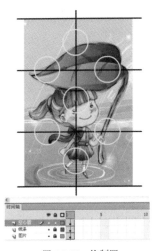

图 6-2-11　绘制圆　　　　　　　　　　　　图 6-2-12　删除多余线条

（7）制作背景颜色，制作文字，导入半透明底图，如图 6-2-13 所示。

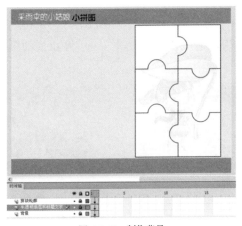

图 6-2-13　制作背景

3．素材拼块已备好，想做游戏需动脑

（1）导入 6 张拼块图片，分别转化为影片剪辑元件，分别命名为"上 1""上 2""中 1""中 2"、"下 1""下 2"，如图 6-2-14 所示。

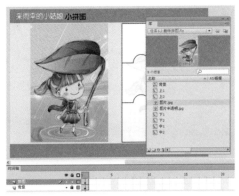

图 6-2-14　导入图片

（2）选择拼块元件，选择"窗口"→"行为"命令，打开面板，单击"添加行为"下拉按钮，选择"影片剪辑"菜单下的"开始拖动影片剪辑"命令，如图 6-2-15 和图 6-2-16 所示。

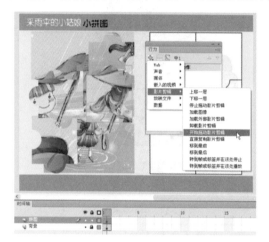

图 6-2-15　添加行为 1

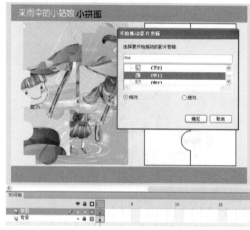

图 6-2-16　添加行为 2

（3）修改"事件"，选择"按下时"选项，如图 6-2-17 所示。

（4）同理，再次添加行为，选择"影片剪辑"→"停止拖动影片剪辑"命令，事件为"释放时"，如图 6-2-18 所示。

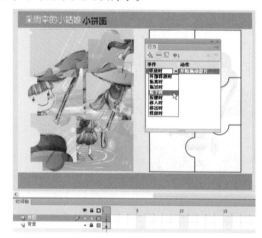

图 6-2-17　修改事件

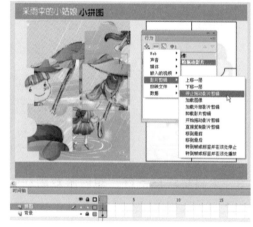

图 6-2-18　添加行为 3

（5）右击影片剪辑，在弹出的快捷菜单中选择"动作"命令，在动作面板输入以下动作。

```
on (press) {
    //Start Dragging Movieclip Behavior
    startDrag(this);
    //End Behavior
}
on (release) {
    //Stop Dragging Movieclip Behavior
    stopDrag();
    //End Behavior
}
```

（6）同理，为其他拼块添加行为和动作。

知识解读

ActionScript 3.0 基本语法有哪些

ActionScript 3.0 基本语法构成包括：标识符、关键字、数据类型、运算符和分隔符，它们互相配合，共同完成 AS 3.0 语言的语意表达。

（1）标识符。简单地说，每定义一个变量，这个变量就称之为标识符，在 AS 3.0 中，不能使用关键字和保留字作为标识符，包括变量名、类名、方法名等。

（2）关键字。在 AS 3.0 中，保留字包括"关键字"，不能在代码中将它们用作标识符。

（3）数据类型。数据是程序的必要组成部分，也是程序处理的对象。数据类型描述一个数据片段，以及可以对其执行的各种操作。数据存储在变量中，在创建变量、对象实例和函数定义时，通过使用数据类型类指定要使用的数据的类型。数据类型是对程序所处理的数据的抽象。在 AS 3.0 中包含两种数据类型：基元数据类型（Primitive Data Type）和复杂数据类型（Complex Data Type）。

（4）常量和变量。在 AS 3.0 中使用常量和变量和其他的编程开发语言一样，没什么太大的区别，作用点都是相同的。简单理解就是常量就是值不会改变的量，变量则相反。AS 3.0 中常量也可以分为两种：顶级常量和用户自定义常量。所谓顶级常量就是语言库内部所提供的常量，主要包括：

① Infinity：表示正无穷大。

② -Infinity：表示负无穷大。

③ NaN：表示非数字的值。

④ Undefined：一个适用于尚未初始化的无类型变量或未初始化的动态对象属性的特殊值。

用户自定义的常量，通常使用关键字 const 来定义。不管在什么编程语言中，变量是用得最多的，在 AS 3.0 中也同样如此，变量定义格式为：

var 变量名：数据类型或 var 变量名：数据类型＝初始值

例如定义一个字符串变量 abcd 并赋初值为 "abcd"，书写格式如下：

```
varabcd:String="abcd";
```

经验共享

Flash 中常用的动作脚本

（1）指定跳转

① 在当前帧停止播放：on(release){stop();}

② 从当前帧开始播放：on(release){play();}

③ 跳到第 10 帧并且从第 10 帧开始播放：on(release){gotoAndPlay(10);}

④ 跳到第 10 帧并且停止在该帧：on(release){gotoAndStop(10);}

⑤ 跳到下一个场景并且继续播放：on(release){nextScene();play();}

⑥ 跳到上一个场景并且继续播放：on(release){prevScene();paly();}

⑦ 跳转到指定场景并且开始播放：on(release){gotoAndPlay(" 场景名 "，1);}

⑧ 停止：on(release){stop();}

⑨ 跳到第 N 帧开始播放：on(release){gotoAndplay(N);}

⑩ 跳到第 N 帧停止：on(release){gotoAndstop(N);}

（2）链接到网页

① 打开一个网页，如果该"网页"和"Flash 动画"在同一个文件夹里：on(release){getURL("http: //ftg.5d6d.com");}。

② 打开一个网页，如果该"网页"是在网络上的其他站点里：on(release){getURL(http://ftg.5d6d.com);}。

（3）设置播放器窗口

① 播放器窗口全屏显示：on(release){fscommand("fullscreen"，true);}

② 取消播放器窗口的全屏：on(release){fscommand("fullscreen"，false);}

③ 播放的画面，随播放器窗口大小的改变而改变：on(release){fscommand("allowscale"，true);}

④ 播放的画面，不论播放器窗口有多大，都保持原尺寸不变：on(release){fscommand("allowscale"，false);}

（4）声音常用动作脚本

```
① newSound()                 // 创建一个新的声音对象
② mysound.attachSound()      // 加载库里的声音
③ mysound.start()            // 播放声音
④ mysound.getVolume()        // 读取声音的音量
⑤ mysound.setVolume()        // 设置音量
⑥ mysound.getPan()           // 读取声音的平衡值
⑦ mysound.setPan()           // 设置声音的平衡值
⑧ mysound.position           // 声音播放的当前位置
⑨ mysound.duration           // 声音的总长度
```

拓展训练

当动画文件比较大，需要载入时，经常用到 Loading 动画来显示载入进度，使用 Flash 能够制作出各种效果的载入动画。

典型案例：制作 Loading 动画

动画效果为：随着动画载入进度，为奥运五环注入颜色，当完全变为彩色时，动画载入完毕，如图 6-2-19 所示。

图 6-2-19　Loading 动画

（1）新建 Flash 文档，大小为 800 px × 600 px。

（2）图层 1 重命名为"背景"，按快捷键【Ctrl+R】导入背景图片，使之完全覆盖住舞台，如图 6-2-20 所示。

图 6-2-20　导入背景图片

（3）按快捷键【Ctrl+F8】创建新元件，命名为"五环黑白"，使用椭圆工具绘制出一个圆，按快捷键【Ctrl+C】复制轮廓线，再次按快捷键【Ctrl+Shift+V】粘贴到原位置，按快捷键【Q】切换为任意变形工具，按住快捷键【Shift+Alt】的同时缩小圆，使之与大圆同心，从而得到一个圆环，如图 6-2-21 所示。

（4）复制出四个圆环，排列好位置，如图 6-2-22 所示。

图 6-2-21　绘制圆环

图 6-2-22　复制圆环

（5）删除重叠部分，使圆环相互之间穿插起来，如图 6-2-23 所示。

图 6-2-23　圆环穿插

（6）打开库，右击"五环黑白"元件，在弹出的快捷菜单中选择"直接复制"命令，则复制出一个相同内容的元件，重命名为"五环彩色"，分别为五个圆环填充蓝色、黑色、红色、黄色和绿色，如图 6-2-24 所示。

（7）按快捷键【Ctrl+F8】创建新元件，命名为"五环动画"，图层 1 重命名为"五环彩色"，从库中拖动"五环彩色"元件到舞台上，在第 100 帧处创建普通帧，以延长画面停留时间。

图 6-2-24　圆环上色

（8）新建图层命名为"蒙版"，绘制一个矩形，使之完全覆盖住五环，在第 100 帧处创建关键帧，选中第 1 帧，将矩形缩小并移动到五环图形的左边，创建第 1 帧～第 100 帧的形状补间动画，如图 6-2-25 和图 6-2-26 所示。

图 6-2-25　形状补间第 1 帧

图 6-2-26　形状补间第 100 帧

（9）右击"蒙版"图层，在弹出的快捷菜单中选择"蒙版"命令，预览动画效果，五环图片从左到右逐渐出现，如图 6-2-27 所示。

（10）新建图层命名为"五环黑白"，从库中拖动"五环黑白"元件到舞台上，调整好位置，使之与"五环彩色"位置完全一致，在第 100 帧处创建普通帧，以延长画面停留时间，新建图层命名为"动作"，在第 100 帧处创建关键帧，右击帧在弹出的快捷菜单中选择"动作"命令，输入停止动作，脚本代码为 stop()，预览动画效果，如图 6-2-28 所示。

（11）回到场景，新建图层命名为"五环动画"，从库中拖动"五环动画"元件到舞台上，新建图层命名为"进度"，使用文本工具创建一个空文本框，打开属性面板，设置文字标签为"bfb"，选择动态文本，设置好文字格式，如图 6-2-29 所示。

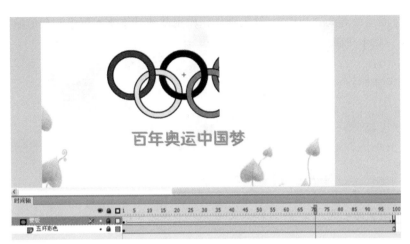

图 6-2-27　蒙版效果

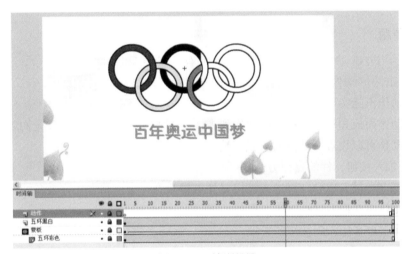

图 6-2-28　时间轴设置

图 6-2-29　创建动态文本

（12）新建图层命名为"动作"，输入动作，作用是使动态文本框中的数值随当前播放帧数的进度而变化，脚本代码如下：

```
var n = 0;
_root.onEnterFrame = function ()
{
    var _loc1 = loading._currentframe;
    if (_loc1 < 100)
    {   bfb.text = loading._currentframe + "%";    }
    else
    {   bfb.text = "100%";    } // end else if
}
```

（13）新建图层命名为"文字"，输入文字"百年奥运中国梦"。

思考与练习

一、选择题

1. 下列关于 Flash 动作脚本 (ActionScript) 的有关叙述不正确的是（　　）。

　　A. Flash 中的动作只有两种类型：帧动作和对象动作

　　B. 帧动作不能实现交互

　　C. 帧动作面板和对象面板均由动作列表区、脚本程序区、命令参数区构成

　　D. 帧动作可以设置在动画的任意一帧上

2. 将声音加入按钮元件的操作方法是（　　）。

　　A. 先把声音放入库中，再进入按钮元件编辑状态，分别将音乐拖入各帧中

　　B. 直接将声音拖入到按钮所在影片编辑层

　　C. 直接将声音拖入到按钮所在帧

　　D. 以上都不正确

3. 以下关于按钮元件时间轴的叙述，正确的是（　　）。

　　A. 按钮元件的时间轴与主电影的时间轴是一样的，而且它会通过跳转到不同的帧来响应鼠标指针的移动和动作

　　B. 按钮元件中包含了 4 帧，分别是 Up、Down、Over 和 Hit 帧

　　C. 按钮元件时间轴上的帧可以被赋予帧动作脚本

　　D. 按钮元件的时间轴里只能包含 4 帧的内容

4. 有一个花盆形状的按钮，如果需要当把鼠标放在这个按钮上没有点击时，花盆会有一朵花生长的效果，应该怎样设置这个按钮（　　）。

　　A. 制作一朵花生长的电影剪辑，在编辑按钮时创建一个新层，并在第一个状态所在帧创建空关键帧，把电影剪辑放置在这个关键帧上并延迟到第四个状态

　　B. 制作一朵花生长的电影剪辑，在编辑按钮时创建一个新层，并在第二个状态所在帧创建空关键帧，把影剪辑放置在这个关键帧上

　　C. 制作一朵花生长的电影剪辑，在编辑按钮时创建一个新层，并在第三个状态所在帧创建空关键帧，把影剪辑放置在这个关键帧上

D. 制作一朵花生长的电影剪辑，再创建一个按钮，都放置在场景中，使用 Action 来控制这电影剪辑

5. 给按钮元件的不同状态附加声音，要在单击时发出声音，则应该在（　　）帧下创建一个关键帧。

  A. 弹起   B. 指针经过

  C. 按下   D. 点击

6. 时间轴控制函数主要用来控制帧和场景的播放、停止和跳转等，这类函数主要包括（　　）。

  A.play()   B.stop()

  C.gotoAndStop   D.gotoAndPlay

7. 下面的代码中，控制当前影片剪辑元件跳转到"S1"帧标签处开始播放的代码是（　　）。

  A.gotoAndPlay("S1");

  B.this.gotoAndPlay("S1");

  C.this.gotoAndPlay("S1")

  D.this.gotoAndPlay("S1");

8. 下列关于时间轴中帧的影格的标记说法不正确的是（　　）。

  A. 所有的关键帧都用一个小圆圈表示

  B. 有内容的关键帧为实心圆圈，没有内容的关键帧为空心圆圈

  C. 普通帧在时间轴上用方块表示

  D. 加动作语句的关键帧会在上方显示一个小红旗

9. 在时间轴中，标记图符代表着不同的意义，下列说法正确的是（　　）。

  A. 虚线代表在创建补间动画中出了问题

  B. 当一个小红旗出现在帧上方时，表示此帧为关键帧

  C. 实线表示补间动画创建成功

  D. 当一个小写字母"a"，出现在帧上时，表示此帧已被指定了某个动作

10. Flash 源文件和影片文件的扩展名分别为（　　）。

  A.*.FLA、*.FLV   B.*.FLA、*.SWF

  C.*.FLV、*.SWF   D.*.DOC、*.GIF

二、填空题

1. 动作脚本可以添加在 _____ 上，也可以添加在 _____ 上

2. Flash 属性面板中显示的对象 XY 坐标是此对象的 _____ 位置的标尺坐标。

3. 控制动画停止播放的 ActionScript 命令是 _____，括号中不需要使用任何参数；控制动画播放的 ActionScript 命令是 _____。

4. 控制动画跳转到某帧并播放的 ActionScript 命令是 _____（目的帧）；跳转到某帧并停止播放的 ActionScript 命令是 _____（目的帧）。

5. 在下面的一段按钮代码中，"release"被称为 _____，当用户释放按钮时，大括号中的语句就会被执行。

```
On(release)
{
Play();
}
```

6. 按钮元件的四个帧分别是：＿＿＿＿＿＿，＿＿＿＿＿＿，＿＿＿＿＿＿ 和 ＿＿＿＿＿＿。

三、问答题

1. 列举出 Flash 中图层的类型，并写出其作用。

2. Flash 中的鼠标事件有哪几种?

3. 简述 Flash 中常见的时间轴控制命令。

附　　录

附录 A　项目考核教师评价表

班级：　　　　　　　学年第　学期　　　教师：

项目名称：

学号	姓名	项目作品 （专业知识和技能满分 100 分，权重 0.7）					合计 （总分 / 实得分）	方法 能力 （满分 100）	社会 能力 （满分 100）	项目 成绩
		操作 规范	素材 处理	动画 作品	作品 创意	作品 数量				

注：

综合成绩满分 100 分。其中：

项目作品满分 100 分，权重为 0.7。

方法能力满分 100 分，权重为 0.15，请直接输入最终得分。

方法能力满分 100 分，权重为 0.15，请直接输入最终得分。

附录 B　项目考核小组互评及自我评价表

班级：　　　　　　　学年第　学期　　　教师：

作品名称：　　　　　　团队名称：

小组成员：　　　　　　评价人：

项目名称：

姓名	项目作品 （专业知识和技能，满分 100 分，权重 0.7）					合计 （总分 / 实得分）	方法能力 （满分 100）	社会能力 （满分 100）	项目 成绩
	操作 规范	素材 处理	动画 作品	创意 设计	作品 数量				

注：

综合成绩满分 100 分。其中：

项目作品满分 100 分，权重为 0.7。在合计一栏输入总得分和最终得分。

方法能力满分 100 分，权重为 0.15，请直接输入最终得分。

方法能力满分 100 分，权重为 0.15，请直接输入最终得分。

评价表中第一行红色字显示，为自我评价。

附录 C 项目考核教师评价综合成绩登记表

班级：　　　　　　　　学年第　学期　　　教师：

学号	姓名	项目一	项目二	项目三	项目四	项目五	项目六	教师评价 综合成绩 （取平均分）

附录 D 项目考核学生互评综合成绩登记表

班级：　　　　　　　　学年第　学期　　　教师：

学号	姓名	项目一	项目二	项目三	项目四	项目五	项目六	学生评价 综合成绩 （取平均分）

附录 E 项目考核自我评价综合成绩登记表

班级：　　　　　　　　学年第　学期　　　教师：

学号	姓名	项目一	项目二	项目三	项目四	项目五	项目六	自我评价综合成绩（取平均分）

附录 F 综合成绩登记表

班级：　　　　　　　　学年第　学期　　　教师：

学号	姓名	教师评价综合成绩（权重 0.8 总分 / 实得分）	小组互评综合成绩（权重 0.1 总分 / 实得分）	自我评价综合成绩（权重 0.1 总分 / 实得分）	综合成绩

注：项目考核综合成绩由教师评价、小组互评、自我评价三项成绩按照权重计算得出。

附录 G Flash CS6 快捷键

1. 工具

箭头工具【V】　　　　　　　　部分选取工具【A】

线条工具【N】　　　　　　　　套索工具【L】

钢笔工具【P】　　　　　　　　文本工具【T】

椭圆工具【O】　　　　　　　　矩形工具【R】

铅笔工具【Y】　　　　　　　　　画笔工具【B】

任意变形工具【Q】　　　　　　　填充变形工具【F】

墨水瓶工具【S】　　　　　　　　颜料桶工具【K】

滴管工具【I】　　　　　　　　　橡皮擦工具【E】

手形工具【H】　　　　　　　　　缩放工具【Z】、【M】

2．菜单命令

新建 Flash 文件【Ctrl+N】　　　　打开 Flash 文件【Ctrl+O】

作为库打开【Ctrl+Shift+O】　　　关闭【Ctrl+W】

保存【Ctrl+S】　　　　　　　　另存为【Ctrl+Shift+S】

新建元件【Ctrl+F8】　　　　　　元件转换为散件【Ctrl+B】

导入【Ctrl+R】　　　　　　　　导出影片【Ctrl+Shift+Alt+S】

发布设置【Ctrl+Shift+F12】　　　发布预览【Ctrl+F12】

发布【Shift+F12】　　　　　　　打印【Ctrl+P】

退出 Flash【Ctrl+Q】　　　　　　撤销命令【Ctrl+Z】

剪切到剪贴板【Ctrl+X】　　　　复制到剪贴板【Ctrl+C】

粘贴剪贴板内容【Ctrl+V】　　　粘贴到当前位置【Ctrl+Shift+V】

清除【退格】　　　　　　　　　复制所选内容【Ctrl+D】

全部选取【Ctrl+A】　　　　　　取消全选【Ctrl+Shift+A】

剪切帧【Ctrl+Alt+X】　　　　　复制帧【Ctrl+Alt+C】

粘贴帧【Ctrl+Alt+V】　　　　　清除贴【Alt+ 退格】

选择所有帧【Ctrl+Alt+A】　　　新建空白帧【F5】

新建关键帧【F6】　　　　　　　删除帧【Shift+F5】

删除关键帧【Shift+F6】　　　　转换为关键帧【F6】

转换为空白关键帧【F7】　　　　编辑元件【Ctrl+E】

首选参数【Ctrl+U】　　　　　　转到第一个【Home】

转到前一个【PageUp】　　　　　转到下一个【PageDown】

转到最后一个【End】　　　　　放大视图【Ctrl++】

缩小视图【Ctrl+-】　　　　　　100% 显示【Ctrl+1】

缩放到帧大小【Ctrl+2】　　　　全部显示【Ctrl+3】

按轮廓显示【Ctrl+Shift+Alt+O】　高速显示【Ctrl+Shift+Alt+F】

消除锯齿显示【Ctrl+Shift+Alt+A】　消除文字锯齿【Ctrl+Shift+Alt+T】

显示隐藏时间轴【Ctrl+Alt+T】　　显示隐藏工作区以外部分【Ctrl+Shift+W】

显示隐藏标尺【Ctrl+Shift+Alt+R】